董卿
用实力说话

韩笑/著

华中科技大学出版社
http://www.hustp.com
中国·武汉

图书在版编目(CIP)数据

董卿：用实力说话/韩笑著.—武汉：华中科技大学出版社,2022.7(2024.6重印)
ISBN 978-7-5680-8379-9

Ⅰ.①董… Ⅱ.①韩… Ⅲ.①成功心理-通俗读物 Ⅳ.①B848.4-49

中国版本图书馆 CIP 数据核字(2022)第 093761 号

董卿：用实力说话	韩 笑 著
Dong Qing: Yong Shili Shuohua	

策划编辑：沈　柳
责任编辑：李　祎
封面设计：琥珀视觉
责任校对：李　弋
责任监印：朱　玢
出版发行：华中科技大学出版社(中国·武汉)　　电话：(027)81321913
　　　　　武汉市东湖新技术开发区华工科技园　　邮编：430223
录　　排：武汉蓝色匠心图文设计有限公司
印　　刷：湖北新华印务有限公司
开　　本：710mm×1000mm　1/16
印　　张：15
字　　数：170 千字
版　　次：2024 年 6 月第 1 版第 2 次印刷
定　　价：50.00 元

本书若有印装质量问题,请向出版社营销中心调换
全国免费服务热线：400-6679-118　竭诚为您服务
版权所有　侵权必究

序

你当温柔且有力量

女人应当优雅,亦当淡然,她能够像盛开的鲜花,散发出迷人的芬芳,也能够如退去的海潮,只留下淡淡的沙痕。因为人生的起落不定,需要搭配一颗随遇而安的心,这颗心中藏着坚强,藏着不屈,藏着憧憬,藏着自信,它可以在高光时刻保持平和,也可以在低谷阶段蓄势待发。这样的女子,自当拥有精彩的人生。

行走于娱乐圈中的董卿,永远都是那个收放自如的才女。她从小成长在家教严苛的环境中,过着并不自由但充实的童年,在步入社会之后,她选择了钟爱一生的主持事业。和很多同行相比,董卿腹有书气、外柔内刚、端庄稳重、洞察力强,她可以成为一个专业素养极强的主持人,也可以变身为格局高远的制作者,无论怎样,她的内核始终不变,她依然是人们最熟悉的那个董卿。

女性想要获得社会的认可,往往要付出比男性更多的努力,也要承受比男性更多的非议,她们要和传统观念和人们对女性的刻板印象做斗争,她们要和弱肉强食的丛林法则相抗衡,所以每一个成功的女性,无论人前如何闪耀,背后都承受着常人难以想象的压力和痛苦。然而,正是这一路走来的艰难,才在她们身上留下了特殊的印记:既有一种清雅素丽的风韵,又有一种桀骜不驯的个性。

没有哪个女人天生优雅动人,她们的美丽和光环,往往都是走遍了崎岖之路练就而成的,正如董卿的主持人生,从地方电视台到中央电视台,从上海到北京,从默默无名到人尽皆知,其中的艰难与曲折只有她自己懂得,她就是用现代女性的坚韧和格局,为自己打开了通往巅峰之路的大门。

什么样的女性是杰出的?什么的女性是值得学习的?或许看看董卿,你就会找到答案。她能够在舞台上大方得体地和选手、嘉宾互动,能够帮助他们圆场解围,也能够在遭到挑衅之后巧妙回击,还能在幕后独自一人完成节目创作,更能在万众瞩目时保持谦虚和内敛……一次舞台演出,就是人生的一幕缩影,董卿以智慧和韧性赢得了人们的认可。

在董卿身上,我们可以发现,气质的美和内心的美,远胜过容貌的美和身材的美,真正的美人不是不败岁月,而是无视岁月,因为她们可以掌控自己的时间轴,可以在想要绽放光芒的时候走上台前,也可以在想要回归平静时消失无踪。

或许你羡慕董卿的优雅人生,或许你自卑于自己的普通平凡,但其实只要你善于发现,总会在看似寻常的自己身上找到不为人知的优点,它可以化为你生命中最闪亮的光芒,照耀你一直追逐的前路。

生命如歌,理当温柔;生命如长途跋涉,理当蓄力前行。

目录

001	**第一章　修炼独一无二的气质**
002	1. 走过的路皆是风景
007	2. 淡定与优雅
012	3. 有趣的灵魂外柔内刚
016	4. 独立是一种高级性感
021	5. 保持生命的张力
026	6. 不断成长是必修课

目录

033 第二章　拒绝寡淡的平庸

034　1. 要有一次奋不顾身

040　2. 独处之中见真意

044　3. 不妥协，不将就

048　4. 用热爱驱动人生

054　5. 做自己，而不是做别人

059　6. 不卑不亢，更有质感

目 录

063	**第三章　演绎知性之美**
064	1.学会主宰情绪
068	2.用真心去包容
072	3.率性但不刻薄
076	4.可以感性,但不矫情
081	5.给自己最可靠的安全感
086	6.懂分寸,知进退

093	**第四章　打败岁月的是才情**
094	1. 内心诗意丰沛
098	2. 读书让生命丰盈
104	3. 信手拈来更从容
108	4. 有迷茫，也有顿悟
113	5. 凝练属于自己的智慧
118	6. 内外兼修才是长久之道

123	第五章　遇见全力以赴的自己
124	1.用努力成就辉煌
130	2.认真的女人无懈可击
135	3.奋斗就是忠于自己
140	4.细节决定高度
144	5.配角也可以光芒万丈
148	6.眼泪是种释放

目录

153 第六章 处世不慌不忙

154 1.凡事尊重为先

159 2.开口之前先三思

164 3.以平常心面对批评

168 4.用机智为别人解围

173 5.有大局观,把控全局

179 6.沉默不是退缩

183	**第七章 言语之间有大学问**
184	1. 开口之前先倾听
187	2. 自嘲值千金
191	3. 发自内心去赞美
194	4. 拉家常让人更亲近
198	5. 巧妙回击挑衅
201	6. 善于表达自己的观点

205	第八章　时间沉淀出真我
206	1. 自当有力量
210	2. 让压力见证成长
214	3. 不遗漏细微之处的幸福
218	4. 接纳不完美的自己
221	5. 高光时刻更低调
225	6. 谦卑中藏着高贵

第一章
修炼独一无二的气质

1 走过的路皆是风景

人生就像一条漫长而曲折的路，风雨送春归，岁月自成景。对于女人来说，传统观念会要求她们尽快寻找到归宿：稳定的工作、美满的婚姻，但正是这样的世俗和短视，让她们放弃了欣赏沿途美景的机会。

一个女人，只有走别人没走过的路，才能看到别人未曾见过的风景，那么她的内心才是完整的。或许有人会问，什么样的风景才算得上是最美的风景？其实，路边即是风景，哪怕它沟沟壑壑，哪怕它泥泞不堪。因为风景的真谛不是它有多美，而是它见证的旅途有多么精彩。

旅程的终点，其实是没有风景的，因为终点意味着结束，这个结束可能是一种安然的归宿，也可能是一种释然的解脱。终点的意义在于它标志着我们终于从一个行路者变成了归家人，而真正的乐趣依然在路途之中。因此，所到之处、所遇之人、所见之物就成了见证我们走向终点的风景。

对女人而言，她们不应该过早地追求所谓的结局，而是应该在路上领略更多的美景，增长见识，丰富人生。

人们常说，人生的意义在于过程而非结果，走路亦是如此。当我们刚刚启程时，脑海中装着的是对终点的期盼和向往，可当我们真的上路以后，会逐渐被路边的风景所吸引。因为哪怕它们不够优美，但它们陪伴了我们一路，让我们渐渐淡化了对结果的执迷，反而沉浸在对自我成长的欣赏和陶醉中。在路途中，我们会为了目标成长，这其实才是旅程给我们最好的礼物。

1973年，董卿出生于上海。人们都说她的名字取得好，不愧是出自书香门第。从声韵上看，"董卿"这个名字朗朗上口，从含义上看，还颇有一种侠义之气，寄托了父母对董卿的期望：愿董家小女，得卿相之才。有了这样一个名字，董卿生来就有了人生的标尺，她愿意拿出毕生的精力去命运之路上探寻，也愿意收集一路上的景致。

作为一个在上海出生、成长的女孩，董卿并不缺少见识，她成长在中国最繁华的城市，这里对很多人来说是人生的终点，而对董卿而言，它只是出发点。或许正是由于这个原因，董卿在人生的起步阶段就很重视过程。

对过程的坚持，往往比对结果的执着更需要一种内在推动力，因为结果通常都会伴随着奖励，人们会为了奖励而付出努力，但过程是没有功利性的，它不会提供给人任何物质回报，看起来是超现实的，这就需要人们在旅途上享受过程，不断给自己加油。

众所周知，董卿非常热爱主持人这个职业，这可以看成是她毕生追求的结果，但这个结果之外的过程，更是董卿愿意去体验的。因为在这个过程中，她会让内心的一股力量释放出来，让自己永不停歇地奔跑在路上，感受路边风景的美。

董卿曾说："其实我的外表给人的感觉还比较稳重，但内心里的那种力量我不知道是从哪里来的，所有的一切都是为了那一刻。我有时候会害怕，感觉像穿上了红舞鞋，停不下来了。可能有一天我也会有遗憾，该恋爱的时候没有恋爱，该成家的时候没有成家，我身边没有一个人，遗憾没有给父母更多的时间，也许有一天我也会像很多人一样说，现在最大的愿望就是有个孩子，等等，但现在我停不下来。"

董卿所说的"停不下来"，真的是对终点的痴迷吗？想来不是，正如泰戈尔所说：天空没有留下鸟的痕迹，但我已经飞过。董卿也是如此，她的"停不下来"，不是想要快速抵达终点，恰恰相反，而是在努力地体会过程的快乐。就像有的人拼命工作，不是为了早日获得一个结果，而是在工作中获得的成就感和满足感让他们不由自主地释放出激情和潜力。

事实上，无论结果如何，对于一个曾经努力过的人来说，过程都是一种收获。女人，不要因为没有结果而质疑自己的努力，不要被世俗观念驱动着去达成一个现实目标，比如做一个"合格的妻子""合格的母亲"之类。你不需要向任何人证明自己在某方面的价值，你只要忠于自己的内心，只要曾经努力过，成功与否不再重要。很多时候，正是因为太看重结果，才无法体验过程中的快乐，还会因为过于看重结果而在失败后一蹶不振。其实，当我们把过程本身当成是人生的一部分时，我们才有可能收获到意外的风景。

董卿的父亲是上海崇明人，一个很严谨、很坚忍，也很善良的人。董卿的父母都毕业于复旦大学这所高等学府。成长在高知家庭，董卿从小被教育要坚持，至于坚持是为了什么，父母并没有马上给出答案。因为一旦给出答案，董卿就可能只为了坚持之后的结果而努力，而忘记坚持本身的重要性。

事实上，很多孩子在上学期间的好成绩，正是父母不断在终点所亮出的奖励催生的：一台电脑、一部手机、一次旅行……当这些许诺变成终点的诱惑后，孩子的确会有努力学习的动力，但他们不是为了学习而学习，而是为了奖励而努力，一旦失去奖励或者奖励没有诱惑性，他们很可能会放弃坚持，因为终点不再被他们所期待。

所幸的是，董卿的父母没有采用这种教育方式，他们教会了董卿如何爱上"坚持"二字，这坚持中既包含了失败后的坚韧不拔，也包含了无视结果的云淡风轻，董卿在这种教育理念下，逐渐地把享受过程当成是人生的绝妙体验。她慢慢适应了父亲的严厉教育，哪怕这种教育在别人看来是"魔鬼"教育，她也不在乎，因为她发现自己爱上了挑战自我的过程。

当终点不再是眼中的一切，当目标不再是努力的动因，一个人就能爆发出更强大的潜力，能够暂时忽略很多干扰因素，只为了释放内心的激情而去做一件事。董卿就是在这种心态中喜欢上学习的，在不懈努力和坚持之下，她在小学连跳两级，升入初中。

一件事情我们只要参与就好，至于结果如何，并不是不重要，而是不该放在体验过程之上，人生的终点可能没有我们想象的那般美好，但过程中总会有让我们心灵震撼的时刻,既然如此,为什么不把更多的注意力放在过程中呢?如果董卿一心只为了跳级而努力,她可能会想到跳级后应该如何与高年级的同学相处、如何接受并适应新的老师和教学环境……一旦她开始思考这些问题,她可能就无法发挥出真实水平,甚至还会对未来产生一丝恐惧,这样的结果导向思维会束缚住人的手脚。

居里夫人在获得诺贝尔奖后,竟然把珍贵的奖章送给了女儿做玩具,这在旁人看来不可思议,但是居里夫人并不介意,因为她在乎的只是探究科学,至于探究的结果是什么、给她带来了哪些回报和荣誉,她是丝毫不在乎的。这些属于结果的快乐远远无法和探索过程中的快乐相比,她活成了一个洒脱的女强人。

每个人的终点,其实都是相同的,那就是回归尘土,区别只在于过程,所以女性不该被某种标签束缚,你可以变成你想要的样子,去享受人生旅途中的美妙风景,因为你会在这段旅途中收获亲情、友情和爱情,也会获得自我认同、自我满足和自我实现。这些远比我们要面对的终点更珍贵,它们才是我们在行路过程中需要收藏的东西。

只有当一个女人懂得享受过程,她才能获得真正的快乐和成长。结果总是没有过程那般重要,就像很多数学题需要写证明过程一样,一个简单的答案抵不过一个苦心求证的计算过程,在这个过程中,记载着人的思考、智慧和努力,这是最值得探讨和回味的。

不论结局怎样,我们都应当期盼过程的美好。用心珍视,小心收藏。

淡定与优雅

人生所有的成功、失败,不过是过眼烟云,不管你曾经得意还是失意,其实最终都将过去,没有什么东西是永恒存在的,一切都不过是暂时的,但它们也是真实的,因为你曾经在过程中欢笑过、悲伤过。

既然结局不可避免,那么当我们遇到意外时,何须焦虑,又何须急躁呢?不如以淡定的心态坦然面对,展示出自己的优雅,这种优雅即对生命最真诚的回应。对于女人来说,优雅不是卖弄,优雅也不是标榜,而是特立独行的一种自然展示,它向外界展示你的态度、风格和准则,让那些闲言碎语离你而去。

当然,那些活得优雅的女人,其实也在人后经历了许多令人难以想象的折磨和考验,所以她们才能在这个位置上牢牢站稳,活成别人眼中的"开挂模式"。

有一次,董卿在参与录制《中国诗词大会》时,不小心在舞台上踩空摔伤。本来大家以为伤势不重,董卿也没有表示坚持不下去,而是继续主持节目直到结束。后来,疼痛难忍的董卿被送到医院检查时才发现，她摔下来的时候，髌骨磕到了铁架子上，造成了损伤，按道理是应该马上去就医的，然而董卿为了确保节目顺利播出，竟然忍着伤痛，坚持把节目录制完毕。

这就是一个对主持工作心怀热爱和憧憬的人，她在台上的淡定和从容，不仅是对伤痛的无视，也是对这份工作的致敬，更是对生命的坦诚：虽然你会给我制造困难，但我仍然要以笑容回馈。

在这次节目录制完毕后，董卿被工作人员背出了演播室，没想到她竟然急着对总导演说："快让人把明天两场节目的台本、题库给我，去医院不知道处理到几点，我必须带过去看。"

能够强忍着疼痛坚持录完节目，这已经是常人难以做到的，然而董卿还坚持着轻伤不下火线的态度，考虑的不是自己什么时候能恢复，而是明天的节目能否顺利录制。后来，导演回忆说："本来想着，主持人受伤，站都站不起来了，现找主持人也根本来不及，明天录制肯定得推迟，结果她根本就没打算休息。"

女强人，我们很多时候看到的是她们在聚光灯下光鲜亮丽的表现，看到的是她们被人群簇拥时的春风得意，然而这些高光时刻都是她们用一次次笑对人生挫折和劫难时的淡定换来的。如果没有面对伤痛的淡定，董卿不可能作为一个优秀主持人受到重用，她很可能早在某一次"意外"时选择了退缩，或许那样的她会被保护得很好，但也注定失去了登临高峰的可能。

淡定，是女人面对苦难时的超然态度，也是一个独立女性最闪耀的标签，它证明了一颗坚强的心脏会帮助你增加对抗苦难的勇气和胜算。

同为主持人的杨澜也是一个能够淡定地面对人生磨难的女强人。因为长期处于紧张的工作状态中，杨澜患有神经性头痛，最严重的时候需要药物来缓解疼痛。这已经是痛苦的折磨，然而杨澜在怀孕之后，为了胎儿的健康，不得不停止吃药，即便头痛欲裂，也只能依靠意志力去忍耐。后来在阳光卫视工作期间，再次怀孕的杨澜经常犯恶心，遇到这种情况，她只能去厕所呕吐，吐完之后继续工作。

有人只能看到淡定时的从容不迫，却看不到淡定背后的忍耐和坚持。当一个女性努力为某个目标而苦苦追寻时，总会经历一段坎坷的岁月，因为女性原本就会受到某些不公平的待遇，这些意外的"加码"会形成人生中的至暗时刻。你能做的是要么臣服于它，要么正面回击。然而即便你在和苦难作斗争的过程中满身伤痕，也要在人前保持一份淡定的优雅，这不是伪装，而是向外人展示一个美丽的自己，而这份美丽对自己和他人都有着积极的意义。

有些女性在至暗时刻来临时，无法保持淡定，反而手足无措，甚至精神崩溃。这不仅是败给了苦难，也毁掉了之前精心打造的自我形象，更容易让人们加深"女性是弱者"的刻板印象。因为人们能够感受到的只是一种被挫败后的负能量，既无法打动大家，也无法拯救自己。

当人们以羡慕的眼神看着那些取得成绩的女性时，大多数人想的可能是"如果那是我多好"，很少有人会想"如果我要承受那些挫折该怎么办"，这不过是对成功者的慕强心理，而非对成功者的效仿，因为你心中没有那份冲破障碍的淡定。

董卿作为一位优秀的主持人，平日里就是在各种意外中行走的，她不仅要让自己保持应有的淡定，更需要让别人保持一份淡定，因为她和大家是一个整体，她需要把淡定的正能量传递得更远。

从这个角度来看，淡定不仅是一种生活态度，更是良好的心理素质和强大的应对能力，它让我们学会在保持冷静的同时，还要积极拿出对策，去解决生活出给我们的各种难题。当难题被化解时，我们的人生往往就能步入一个全新的高度。

有一次在录制节目时，现场有位女选手的服装出现了问题，女选手缺乏临场应对经验，台上、台下的气氛顿时变得很尴尬。这时董卿意识到，这种局面如果直接无视反而会更糟，最好的办法就是正面化解，让选手有台阶下。于是，董卿不紧不慢地问女选手："刚才在演唱的过程中，我们都看到了你的演出服出了一点小问题，这会影响你的发挥吗？"女选手如实回答："刚开始的时候有，但是投入到歌曲的表演中后就忘记了。"接着，董卿对女选手进行了表扬："我刚才从一名观众的角度来看，你表现得非常镇静，这是一个优秀的歌唱演员所应该具备的素质。"女选手有些受宠若惊地回答："谢谢！"

录制节目时发生意外是再正常不过的了，但是能够从容应对的人并不多，有的人会直接选择无视，有的人会把责任甩出去，这些都是不淡定的窘迫，只有勇敢地接过来，淡定地处理，才是一种超出常人的优雅。董卿在处理突发状况时，总能够恰到好处地救场，让节目顺利地进行下去，并把所有人从尴尬中拉出来，这就是成功者的优雅光环，它不仅能照亮成功者自己，也能温暖别人。

2007年,《欢乐中国行》元旦特别节目正在现场直播,接近零点时,突然出现了两分半的时间空当,这对于直播节目来说几乎是致命的事故。一向信任董卿的导演马上安排她去救场,董卿也毫不推诿,优雅淡定地开始自由发挥。就在这时,董卿的耳麦里突然传出导播的声音:"不是两分半钟,只有一分半钟了。"董卿立即根据时长调整语序,准备说结束语了,可就在这时她又收到了导播的更正:"不是一分半,还是两分半!"

一般人能够临时救场已经实属不易,而董卿面临的是错乱中的错乱,可她依旧保持如初的淡定。她先是来到舞台两侧,给观众深深鞠了两躬,随后即兴创作了"欢乐的笑""感动的泪""奔波的苦"等几个精彩的排比句来表达感谢,配合恰到好处的肢体动作,成就了后来被传为佳话的"金色三分钟",成为主持界里完美的案例。

想来,很多人都会羡慕董卿的这种淡定和优雅,但这些是羡慕不来的。董卿能够在遭遇意外时从容不迫,一方面得益于她自身的心理素质和职业素养,另一方面和她日积月累的经验分不开。她在工作最忙的时候,一年整整主持了130多场晚会,正是在这种高强度的磨砺之下,她才积累了丰富的临场应变经验,以至于遇到突发状况时,大家第一个想到的"救火队员"就是她。

优雅的淡定让人心生敬畏,这种敬畏不是对强者的惧怕和服从,而是对背后默默付出的努力的尊重和敬意。或许你未必具备像董卿那样的先天条件,但你可以走一遍像董卿那样披荆斩棘、锤炼自我的路。只有走相同的路,才会收获相似的成果和感悟,届时你也会淡定地告诉自己:从此再没有什么可怕的了。

3 有趣的灵魂外柔内刚

幽默代表着一种智慧,这种智慧能让一个人身处逆境也能保持乐观的心态,并且将这种心态传递给其他人。对于一个女人而言,谈吐幽默,更能彰显出一种外柔内刚的独特气质:外柔,是风趣的谈吐让她的每一句话都能打动别人,并让大家会心一笑;内刚,是乐观的精神让她的举手投足都能感染别人,并让大家获得力量。

人们常说,好看的皮囊千篇一律,有趣的灵魂万里挑一。何谓灵魂有趣?不是插科打诨的低俗搞笑,而是笑对人生的从容镇定,二者相结合之后,便是一柔一刚,展示出一种优雅的风度和健康的心态。人们从这样的女性身上所感受到的是深度的文化内涵和丰富的人生沉淀,更能从中发现源于生命底层的潇洒和自然。

董卿曾经主持第十四届CCTV青年歌手电视大奖赛(简称第十四届青歌赛),在其中一场流行组的比赛中,一号选手金美儿在当天的个人赛中抽到了首个出场的签,这让她顿时感到紧张。难能可贵的是,作为主持人的董卿很快察觉到金美儿的这种情绪,她不能让这个有前途的女孩子因为发挥失常而丢掉名次。于是为了减轻她的心理压力，董卿不慌不忙地安慰她说："第一个上场很难找到圆舞曲的感觉，但是对于有实力的选手而言，最后一个上场叫后发制人，第一个出场叫一马当先。希望你能有一个良好的开始，因为良好的开始是成功的一半。"

正是董卿的这番话，让原本处于紧张状态中的金美儿顿时放松了不少，而台下的观众也被董卿的俏皮话逗得笑了出来，大家也随即领会了董卿的用意，很快爆发出一阵热烈的掌声。因为董卿将幽默使用得恰到好处，所以很多人认为她是青歌赛中最亮丽的风景线。这个评价十分中肯，董卿能够及时察觉选手的紧张心理，然后又能就地取材，巧妙地运用选手的两次出场顺序，以风趣幽默的口吻表达对选手的期许和祝福，也给比赛现场注入了活力与和谐，这是一个优秀的主持人才有的表现，更体现出一个有趣的灵魂是如何温暖人心的。

生活中不缺少段子手，他们可以信手拈来一个笑话，让人忍俊不禁，但能够在恰当的时刻说出恰当的笑话来缓解他人的负面情绪，这样的幽默才是高雅的幽默，因为它散发出人性的光辉和温暖。对于女性来说，要保持整洁清新的外表，更要注重修炼有趣的灵魂，这不仅是在打破"女人只负责貌美如花"的错误引导，也是在向外界展示你丰富的内心。

有趣的灵魂不仅是一个独特的标签，也是一条通向成功的捷径，因为幽默能够博得人们的好感和信任。人始终生活在各种社会关系之中，一个人无论能力多么突出，都离不开各种关系，而幽默能够帮助人们建立和谐的关系，赢得别人的信任和喜欢。有些女性过于看重美貌这个"通行证"，而忽视了内在的提升，久而久之就变成了社交场上花瓶般的角色,这其实是一种悲哀。

既然社交对一个女性来说无法避免,那么不如以幽默为工具,让自己在任何社交场合中都能处于主动地位,和他人进行有效的沟通和交往,解决人际交往中遇到的各类问题。

在第十五届青歌赛的现场,有一位来自总政歌舞团的济南籍女高音歌唱家王庆爽,她在抽题表演环节抽到了《小二黑结婚》中"小芹"这个角色,要表演小芹假装洗衣服、满心期盼小二黑回家的剧情。这道题本身并不难,王庆爽之前的表现也可圈可点,然而她因为有些紧张,在董卿还没把全部要求念完之前,就急着跑出去准备服装和道具了。现场的节奏被打乱,董卿却笑着调侃王庆爽说:"我们已经感受到你盼二黑哥的急切心情了!"

就是这句轻松风趣的话语,让现场的氛围又重新热烈起来,也让王庆爽意识到了自己的失误,并在一片欢声笑语中顺利完成了表演。

所谓幽默的柔与刚,其实就是用温情、搞笑的方式去"柔化"人际关系,调解人际纠纷,而其中折射出的乐观坚定的生活态度和淡定从容的心理素质就是"刚"之所在。柔和刚二者是不可或缺的,只懂得柔的有趣就会缺乏内涵,只懂得刚的有趣就会干瘪空洞,二者共荣共生才能真正缔造出一个有趣的灵魂,而女性兼具了柔刚特质后,就会爆发出活力。

2009年9月8日,第27届电视剧"飞天奖"颁奖典礼在北京的"水立方"国家游泳中心举行,作为中国电视剧最高规格的奖项之一,这场晚会赢得了人们的高度关注。在颁奖典礼上,优秀导演获得者康洪雷和郑晓龙同时登台领奖,此时站在舞台两侧的礼仪小姐,一边挥舞着手中的绸带，一边整齐有序地跃入水池中，通过这种仪式表示对获奖者的祝贺。不过，由于这个设定过于大胆和前卫，很多观众一时不明就里。而就在这时，董卿不失时机地说道："我们看到两位才华横溢的导演走上台的时候，我们的姑娘们都倾倒了，倒在了水池里，以朵朵浪花迎接着你们，看来我们21世纪的男性，同样也有沉鱼落雁的气势。"

董卿的这番风趣言语，顿时引起了场下的一片笑声和掌声，人们也在她的解读之下，明白了节目组的良苦用心，不禁赞叹晚会的创意别具一格。

当一个女人的灵魂变得有趣时，会形成一种强大的感染力，让人们无时无刻不沉浸在一种积极向上、欢快鼓舞的氛围中。哪怕自己正在经受着考验，哪怕自己时运不济，但只要有人以乐观向上的态度去感染你，你就能从低落的情绪中站立起来，去迎击生活的挑战。

这就是幽默的力量，这也是有趣的灵魂比好看的皮囊更受人们欢迎的原因。无论你是普通女性，还是像董卿一样闪亮的女强者，面带怒容的你永远不如面带微笑的你更有吸引力，所以，人要学会培养幽默感。

幽默感不仅能够感染别人，也能让自己保持足够的自信，而越是自信的人，越能够平静地面对人生的起起伏伏，也不会因为短暂的失意而失去继续生活的勇气，它比任何化妆品都更能增强女性的自我认同感。当你表现得足够幽默时，人们会觉得你是一个集乐观、包容和智慧为一体的新时代女性，因为只有乐观的人才会用笑话去鼓励自己和他人，只有包容的人才愿意用幽默去调解纠纷，只有智慧的人才能讲出富有哲理且引人发笑的段子。当你做到"语不惊人死不休"的时候，你在别人眼中就成为了一个有趣灵魂的载体。

董卿善于运用幽默，自然就拥有了强大的抗压能力，无论遇到何种意外，她都能乐观地看到事情积极的一面，而不会消极地怨天尤人。这种幽默属性，让董卿化身为一个跳跃的音符，既散发出一股俏皮活泼的旺盛生命力，又能展现出一种排除万难的积极进取力。既然如此，何不去做一个风趣幽默的人，给自己输送力量，给他人带来笑声，给世界送去一丝暖意呢？这样的你，必然会因为"有趣"而光彩夺目。

独立是一种高级性感

女人的魅力不在于年龄，也不在于外貌，而在于一种自强自立的精神内核。因为独立，女人才能更深沉地展示出自己的与众不同；因为独立，女人才能更自由地穿行在生命中的每个场景之中。那种气定神闲的微笑和宠辱不惊的淡定，会让见过之人心生敬佩甚至是爱慕之情。

为何独立是一个女性成长的标志呢？因为有关女性的所有美好描

述和赞许往往都是从独立开始的,"独立女性"意味着一种生活技能上的进步,意味着一种精神层次上的跃升。用最朴素的话讲,一个独立的女性既具备了传统女性的优秀品质,又具备了现代女性的觉醒意识,她们无论身处何种环境,都会活成自己想要的样子,因为她们敢于和命运进行抗争,也善于运用自己的力量去争取权利。

董卿从小就被培养独立意识。她的父亲董善祥是一个颇为严厉的人,在他眼中,一个孩子如果受到父母的庇佑和宠溺是可怕的,这对孩子的未来毫无裨益,所以董善祥很早就要求董卿学会承担家务,从最基础的洗碗和擦地做起。

那时候,董卿的个头还没有水池高,可父亲依然让她去洗碗,董卿也没有推脱撒娇,而是按照父亲的指示去做,她相信这是真心对她好,她会从这种朴素的劳动中锻炼出勤劳的品质和独立生活的能力。

独立是一种高级的意识,它能教会女人不再依赖他人,教会女人做好独自与世界对抗的准备。因为没有谁会完全跟随你一辈子,他们有的出现在你生命的始发站,却到达不了终点,有的则是在半路上车,陪伴你一段旅程,还有的只是在你人生的尽头和你见证最后的夕阳,能全程陪伴你走完人生之路的,只有你自己。

当一个女人习惯独立后,身上就散发出一种高级的性感。它不依赖于美丽的妆容,也不依赖于精致的服饰,它只依赖于女人坚定的内心和超然的态度。在独立光芒的照射下,这样的女人在举手投足之间就能显示出独特的魅力。

对于董卿来说,真正的独立训练是在上中学时候的暑假期间,父亲让她去勤工俭学。和同龄人相比,董卿没有机会享受暑假的休闲和惬意，她必须早早地了解人间的疾苦，早早地认识社会是什么样子的。在暑假打工期间，董卿做过播音员，做过营业员，也打过各种各样的零工。由此，她接触了不同的工作岗位，也接触了形形色色的人，她开始掌握和不同的人打交道的技巧。当然，更重要的是，她了解了各行各业的辛酸和不易，独立自主的性格进一步形成。

在董卿高一那年，父亲甚至在学校放暑假之前就已经通过电话为董卿联系"工作"了。他问一位开宾馆的朋友需不需要清洁工，说自己家就有一个免费的劳动力。对方觉得免费有些不好意思，最后决定每天付给董卿一块钱的工资。于是，董卿拿着如此廉价的薪资，在暑假开始后就去宾馆上班了。

上班的第一天，领班分给董卿10间客房，告诉她这是一个上午的任务。起初，董卿以为这里的工作不会太辛苦，毕竟不用在外面风吹雨淋，可让她没想到的是，在宾馆工作也是一个力气活，最典型的就是换床单。当时，宾馆要求必须用床单包裹床垫，每两面的相交处呈现90度角，虽然床单没什么重量，但是床单下面的席梦思床垫可是又大又沉，对于一个才上高中的女孩子来说实在是太重了。要知道董卿由于在小学时连跳两级进入初中，这年她仅仅15岁。

换床单这个力气活让董卿实在吃不消，她拼尽全力干一个上午才打扫了两个房间。等到中午，其他清洁工都完成工作去吃饭了，只有董卿还在傻乎乎地忙碌着。下午，父亲来宾馆查看董卿的工作状态，摸着她的头问："累了吗？"董卿委屈地点了点头说："我要累死了。"原以为父亲会体谅自己的辛劳，却不想父亲的回答是："再坚持一下。"

就在这一刻，忍受了一个上午劳累的董卿终于忍不住哭了出来，但是哭过之后，她身上的那股倔强也终于一并爆发了，她不再幻想父亲能够心疼自己，因为她知道没有人可以帮自己，只能咬紧牙关去完成。于是，董卿擦干眼泪，不仅完成了一整天的工作，而且一干就是整整两个月，最后拿到了60块钱的工资。

董卿说："我的父亲在骨子里就认为一定要勤奋、要刻苦才能改变命运，这是他的人生信条，这种人生观深深地影响了我，他让我从小做家务、练习长跑，要锻炼我独立生活的能力。"

如今，我们在屏幕上看到气质优雅的董卿为她主持的节目增添了许多光彩，然而最吸引人们目光的，不是董卿精致的容貌，而是她身上所散发出的气质和魅力。这给她加上了一个别样的光环，而这个光环正是在长年累月的独立生活中历练而成的。

其实，董卿在小时候曾经因为容貌而自卑过，当时她每天会照好几次镜子，而父亲看到以后会说，马铃薯再打扮也是土豆，与其花时间在照镜子上，还不如用来读书。除此之外，父亲还不让母亲给董卿做新衣服，因为他认为女孩子不能在穿衣打扮上花费太多的时间。

董卿就是在这种近乎严苛的教育环境中长大的，因为不能把时间耗费在外貌和穿着上，所以她用更多的精力去提升内在，尤其是培养独立生活的能力。但也正是这种剑走偏锋的经历，让董卿具备了一种高级的性感，而这种性感的气质董卿并不自知。

当董卿第一次听别人叫自己"美女"的时候，误以为这是对方在和自己开玩笑，因为这么多年来，她没有把时间花费在打扮自己上。但她不知道的是，她的独立个性让她浑身上下闪烁着自信的光芒，而这种光芒远超过精美的妆容和华丽的服饰，让人于人群中一眼望去就能看见她。后来，董卿终于看清了这一点，她开始相信气质比容貌更重要。这种气质的培养，就是一种高级性感的锻造，存在于她不断寻求独立的每一次淬火打磨之中。

张爱玲曾说："女人如花，如花的女人应保持如花的容颜，如花的才情，如花的品质。因为当岁月流逝，容颜老去，伴随一生的只剩下内在的素养和气质。"

其实，这里所说的"如花"并非字面意义上的"如花"，因为花始终是娇贵的，需要精心呵护，这样的花朵根本承受不起时光岁月和风霜雨雪的打击，只有守住"花心"才能保持如花一般的美丽。而"花心"就是人的内在，是恪守独立准则的追求，是敢于独自面对冷雨寒风的勇气。

花期短暂，而真正经年不衰的气质才更为永恒，它可以是优秀的品格，可以是博学的知识，也可以是坚定的信念，但它们都脱离不了一个核心，那就是独立自强的个性。只有做到独立，才能出淤泥而不染，保持优秀的品格，才能在博览群书之后形成自己的世界观，才能在面临挫折时保持镇定和从容。

女人不是因为美丽而可爱，而是因为可爱才美丽。可爱是一种气质美，而气质源于一种个性，只有区别于他人，才有鹤立鸡群的卓尔不凡，要做到这一点，离不开对独立的向往和探寻。董卿正是在这个曲折的过程中养成了一种高级的性感，她散发出的是独立女性的味道，传递的是独立女性的精神，彰显的是独立女性的价值，这些共同成就了她在众人前的神采飞扬和楚楚动人。

最高级的化妆不是在脸上，而是在内心。当内心被精致地打磨以后，会由内向外透射出一种独特的气质和深沉的韵味。它经过时间的锤炼，让人在闯过生活的难关之后，依然焕发出生命的神采。

保持生命的张力

生命如山，应当岿然不动；生命如水，应当柔韧有余。生命只有不断拼搏和坚持，才能距离目的地越来越近，这就是生命的张力。张力让逼仄的视野变得开阔，让狭窄的道路变得宽广，让单调的人生变得丰富，让枯燥的生活变得绚丽多彩。

在传统观念中，人们用"头发长，见识短"来形容女性，这其实是封建社会给予女性的受教育权利和参与社会实践的途径很少所造成的。如果一个女性有广泛阅读的机会，有参加工作的机会，她们的见识也会成倍地增长，因为在她们走出束缚自己的方寸天地时，生命获得了张力。

如果一个女人坚持不懈地做某件事，一旦养成了习惯，就会形成一种强大的惯性，这种惯性会推动着她不断向前，不断挑战自我，在千山万水中找到属于自己的栖息地，而不是委身给某个男人或者躲在父母的庇佑下。张力的坚固，让女性的生命变得坚挺，能够不惧千难万险而抵达终点；张力的柔韧，让女性的生命充满变通，能够不畏沧海桑田而笑到最后。

1996年，董卿23岁，这一年她正式进入上海东方电视台的文艺部。在此之前，董卿在浙江有线电视台（2000年10月，浙江有线电视台、浙江无线电视台、浙江教育电视台合并为浙江电视台）已经初露锋芒，当时由她主持的《快乐大篷车》一度成为很受欢迎的节目。不过，董卿却没有把这里当成自己的人生终点，她渴望着有更广阔的舞台。

何谓生命的张力，就是不要提早给自己设定一个位置，而要随着个人能力的提升和环境的变化不断寻找新的上升空间。这样的生命就像流动的水，永远保持活性，不会因为固步自封而变成一潭死水。对于女性而言，由于从小到大都会受到"女孩子找个安稳的工作就行了"之类的错误教化，一部分女性失去了积极向上的动力，认为"稳定"高于一切，殊不知这样正是把自己锁定在一个很低的层面，把更好的机会拱手让给别人。

董卿就是抱着这个态度进入上海东方电视台的，她觉得当时的上海有着更丰富的资源和更新、更高的视角，在这样的舞台上发展会带给自己意想不到的提升。然而让董卿没想到的是，她这个不算是新人的新人竟然很快被"闲置"起来。后来，董卿回忆说："上海毕竟是个大地方，虽然你有过经验，但人家并不重视你，觉得你是个小女孩儿。"

这一年，中央电视台的春节联欢晚会由北京、上海、陕西三地合办，这在当时是非常新鲜的一件事，在那个文化娱乐相对匮乏的年代，自然引起了全国观众的瞩目。然而，此时的董卿并不是故事的主角，她虽然进入了春晚剧组，身份却是剧务，其实就是一个跑腿的后勤工作者，每天做的事情是安排剧组人员的衣食住行，围在演员身边跑前跑后，最让她绷紧神经的是小心翼翼地催场："某某老师您该上场了。"

当时没有人知道，这个身材高挑的剧务姑娘，曾经是浙江有线电视台小有名气的主持人，更不会想到她在未来的某一天会成为中央电视台的当家花旦，"霸屏"十余年，甚至集齐"十二生肖"的春晚舞台。

那时的董卿并不知道自己未来的辉煌，她所能感受到的只有失落，毕竟她给自己的定位是一名主持人，毕竟她是从成千上万名的应试者中被挑选出来的，她像很多年轻人一样，渴望着有一个展现自身价值的平台。

不过，抱怨归抱怨，人生不可能一帆风顺。生命的张力，是懂得何时要迎难而上，何时要避实就虚，并非时时刻刻都正面回击。这就如同水的柔韧所发挥的作用，而水恰恰是对女性最特别的形容，也是对女性独特力量的侧写。在这种力量的作用下，董卿逐渐调整了心态，她意识到如果自己一直以怀才不遇的心态来可怜自己，那对未来没有任何帮助，不如把这段时光当成是人生蛰伏的必要阶段，借机努力提升自己，在寂静无声中变得更强。这样，一旦机会来临，自己才能充分把握住它。

柔韧的水，并非只是随波逐流，而是会遇山而绕，遇壑而落，然而它纵然会有千万种姿态，但无论在哪里，都仍然是水。如水一样，能够保持本性，万物又奈何不得，这就是在人生道路上遇到障碍时独辟蹊径的一种思维，这一种能屈能伸的态度，从另一面诠释了女性生命的张力。

在董卿摆脱了"剧务身份"这个阴影后，她开始正视现实，报考了上海戏剧学院电视艺术系的电视编辑专业，只要台里没有节目，她就去上课，用知识不断填充自己。此时的董卿虽然毫不闪亮，但是她坚信只要坚持下去，总有耀眼的时刻。

功夫不负有心人，董卿用默默苦练终于换来了机会，她在上海东方电视台接手的第一档节目是《流金岁月》。董卿第一次亮相荧幕时，对着镜头说："对于观众朋友来说，我可能是一张新的面孔，但好在做朋友不分先后，大家可以先记住我的名字——董卿。"不过，这档节目在当时并没有引起强烈的反响，但是董卿也没有因此气馁。

人生不可能总是迎来高光时刻，你需要找到那条让自己迸发出耀眼光芒的路，很多人因为走上了一条错误的路而自怨自艾，结果半途而废，这就是生命缺少张力的结果。董卿相信，自己在探寻生命张力的时候，不可能一帆风顺，总要经历一个曲折而深刻的过程，虽然不会马上有结果，但只要她愿意付出，就会有属于自己的光芒，迟早会成为别人眼中闪亮的明星。

1998年，董卿在《视听满天星》节目中崭露头角。这是当时新开的一档节目，主要内容是娱乐播报和访谈，节目邀请的嘉宾大多都是娱乐明星。而董卿的定位是主播加上主持人的双重身份，她靓丽的外形和大方的举止很快得到了观众的认可，让这个节目充满着自然清新的气息。虽然那时的董卿只能被少数观众记住，但她身上所展示出的自信深深地打动着所有认识她的人。

曾经有记者问董卿:"你给人的感觉永远是这么自信、优雅,是天生的吗?"董卿回答:"女人20岁之前的容貌是天生的,20岁之后就靠自己塑造,经历、环境都会影响你的眼神和姿态。"

生命的张力,可以让一个普通的女性不再自卑,让她们愿意为了优秀重新选择一条路,虽然方式不同,但目标不变。这样的生命才是有趣且有意义的。

当然,只会变通的人生缺少了那么一丝硬朗,有时候,女性在面对困难时,不该考虑如何绕开,而是应该勇敢地直面。董卿在事业上一直非常努力,虽然有时候累得想哭,但她仍然坚持了下去。因为这是她选择的事业,她不可能再找一个相对轻松的工作去证明她身为主持人的价值,这是不合逻辑的,也是怯懦的。难怪有人感叹道:"董卿老师的工作量半年已达到70场,简直是超负荷工作。看到我喜欢的女主持人都这么努力,我岂能偷懒?"

当董卿迈上事业的巅峰之后,她很快意识到,没有哪个人可以永远站在核心舞台上,因此她十分释然地表示:"用最大的努力把我该做的事做好就可以,其他不必想太多。现在对我来说,无论精力还是经验,都是向上,没有什么东西能比事业心这颗灿烂的宝珠更迷人的了。"

保持生命的张力,既能让我们学会冲破当前的困境,也能让我们学会认真地思考未来。只要生命不息,冲锋就不能停止,我们就一直需要"坚"和"韧"来面对余下的时光。曾经有人问董卿"未来的职业规划",董卿是这样回答的:"职业规划可能会有一些,可是这个规划有时候可能要看机遇。现在的我也在渴望一个更好的节目形态、节目样式,可以让我以更好的面貌与观众见面。"

对很多人来说,董卿已经足够优秀了,她可以凭借多年积攒的人气占据一个有利位置,因为很难找到人能够完全取代她,但是这样一来,女性的生命就从绽放走向了枯萎,因为这样缺失了对未来的向往,不过是沉浸在往日的绚烂中。所以董卿认为:正因为大家都认可她、喜欢她,所以她就更应该做得好一些,不能辜负那些一直关注她的人,她应该有更好的节目形态,或者成为一个更好的董卿,让人们知道她一直在努力、变化和进步。

当比我们还优秀的人仍然在不断地学习、积累和沉淀时,我们还有什么理由不去和时间赛跑呢?或许你有一颗淡然处世的心,但如果想让生命多生出几分华彩,我们就不能让生命失去张力,停留在一个位置上,慢慢失去光泽。

6 不断成长是必修课

女人的一生都在成长,这种成长要比男性来得更快也更持久。对于女性来说,成长是一种心理进化的刚需,因为她们生来就被打上各种标签，每一种标签都意味着要在某个领域完成蜕变。那么，在成长的尽头，成熟就是最终的归宿。忽然有一天，你可能会发现，需要跟熟悉的人告别，需要跟熟悉的事告别，而在告别的同时，你可能会认识新的人，会接触到新的事，之前的挥别就是成长，而之后接受新的事物才是成熟。

但并不是所有人都乐于成长。有的女性拒绝成长，她们认为自己已经足够完美，不需要再接受任何淬炼；还有的女性拒绝成长，是认为虽然自己存在缺陷，但既然人无完人，又何必苛责自己呢？对于前者，问题的根本在于没有认清自己。她们所认为的完美不过是在一个封闭的或者静态的环境中从事着自己擅长的事情，以为自己完美无缺，而一旦脱离了这个环境，有了参照物以后，她们就会发现自己是需要成长的，因为不成长就无法适应这个社会。对于后者，问题的根本在于她们在逃避现实。人固然会存在某些难以改变的缺陷，但成长的真实含义不是让你变得完美，而是让你在有缺点的前提下降低犯错的概率，从而让缺点也能适应你所身处的环境。

对于女性来说，人生的必修课是成长，因为不经过这一关，社会的刻板印象会从外界不断向你施压，而现实中的不友好也会对你造成伤害。当然，一些女性抗拒成长，未必是真的没有意识到成长的必要性，而是惧怕成长的过程。

在董卿上小学的时候，父亲给她安排了一项艰巨的任务：练习长跑。那时候，董卿每天都要去她所就读的淮北一中的操场上跑一千米。这个距离对女孩子来说，强度相当大，即使对很多男孩子来说，也是难以完成的任务。但是董卿的父亲知道，如果女儿能够闯过这一关，她不仅能锻炼出一个好身体,而且能磨炼出一个坚毅的灵魂。

董卿接受了这个挑战,开始了她的成长。成长的过程果然是痛苦的,那时候淮北的冬天非常寒冷,董卿面临的考验不仅仅是长跑距离,还有恶劣的天气,这种双重折磨对一个非体育生而言是过于困难了。然而董卿的父亲总会准时在黎明时分把董卿喊起来,让她出门去跑步。于是,董卿的同学们就常常目睹这样的画面:每天清晨,学校的学生们正在做广播体操的时候,一个瘦小的身影忽然出现在大家面前,身上瑟瑟发抖,却当着全校师生的面一路奔跑着,期间各种各样的目光打量甚至追踪着她。这不只是一次,而是每天如此。

多年以后,当董卿回忆起这段往事的时候,她说自己很像是电影《阿甘正传》中的阿甘,看上去有些傻气,不顾一切地迎风奔跑。

关于这段"魔鬼"训练般的奔跑,当时的董卿虽然隐约明白其对自己的锤炼意义,但她毕竟也承受着别人异样的目光,心中十分难受,以至于怀疑自己是不是父亲的亲生女儿。由于不能完全理解父亲的良苦用心,所以时间一长,她开始逃避训练。有时候,她会故意在出门之后,躲在楼道里,在算准时间之后,假装气喘吁吁地跑回家。起初,这个方法还能蒙混过关,可时间一长,总有露馅的时候:一次,她躲在楼道里被父亲撞个正着,结果挨了一顿好打,而当时的她甚至连一口早饭都没有吃。

成长始终是痛苦的,难怪有人会拒绝它。因为人天生就有惰性,都喜欢躲藏在舒适区里。面对熟悉的人和事,在绝对安全的环境中行走,这是人的本性,但人的本性就不能违背吗?

练武术的人,为了克服天生的恐惧感,会着重训练抗击打能力,一方面是为了增强体质和对抗能力，另一方面是训练自己不要用本能的躲避去应对一切进攻。因为只有习惯了被动挨打，才能消除本能的恐惧并形成一种肌肉记忆，才能在各种残酷的对抗中化被动为主动，先发制人，一招制敌。人成长的过程也是如此。

女性的成长往往比男性更加痛苦，因为社会对男性的要求虽然严格，却标准单一，只要"够强"就足矣。但女性不同，虽然社会不要求女性成为强者，却会在家庭道德和社会评价等多方面对女性提出各种要求，所以有些女性才会拒绝成长，认为自己不该去满足这些并不合理的要求。但问题在于，有些要求虽然是站在公众视角提出的，但对女性自身而言也是有利的，一味地抗拒并不是明智之举。

对于董卿来说，少年的她自然不懂得成长对未来的作用，但已为人父的董善祥知道女儿未来可能要面对各种考验和磨难。如果只把她当成一朵娇嫩的花养在温室里，她的确可以继续保持美丽，可一旦出了温室，这朵花会瞬间在户外枯萎凋零，因为她没有经历过成长的鞭策。

虽然当年的董卿并不能完全理解父亲的用意，但是随着她长大并步入社会，她渐渐意识到当初的残酷"折磨"给自己上了多么宝贵的一课。正是学会了对人性负面本能的克制，董卿才能在各种挑战面前无所畏惧并表现得超出常人，最终成长为央视舞台上万众瞩目的主持人。此时的董卿，不再是清晨校园里阿甘一样的傻孩子，而是无数人心中的灿烂星光。

有一次，董卿在谈到父亲曾经给予自己的苛责和爱护时，忽然泣不成声，最后她深深地感慨道："我不知道有一天，我有了小孩以后，会不会用这种方式对他。我很害怕,因为我本能地觉得,我会,因为我认同了我父亲的这种方式,我现在觉得,他让我做的每一件事都是对的。"

其实,董卿说这番话,并非为了在面子上和父亲达成某种和解,而是真正认识到了父亲逼迫她成长的意义所在:她坚持长跑,练就了健康的身体,也从中学会了隐忍。无论面对何种情况,她都具备了超出常人的耐性和极强的情绪恢复能力。这些已经深入到她的生命之中,助推她一步步走上成功的顶点。

奔跑是有惯性的,一个人的成长也是如此,当人们已经习惯于逼迫自己走出舒适区去磨炼意志后,一旦在舒适区待的时间长了,就会不由自主地产生一种恐惧感:我这样是不是太舒服了?以后我会不会变成一个废人?

事实的确如此,一个人的命运是有迹可循的,它不是凭空出现的,而是遵循着某种轨迹,这个轨迹和人的个性成长有着密不可分的关系。《朗读者》有一期的主题是"礼物",当时,董卿在节目里表示:在这个世界上,有多少种爱的表达就有多少种礼物。董卿的意思是,父母无私的爱的养育、经历苦难之后的成长,这些都是最好的礼物,而董卿同时拥有了这些。

今天的很多人信奉"富养女儿穷养儿"的观念,这有一定道理,但不够严谨。女孩子的确应该得到父母的宠爱,但这并不意味着她要被娇惯成一个习惯对人发号施令的公主,这样的女孩子也许不会被渣男欺骗,但一定会因为自负和傲慢而让很多人远离她。更准确地说,对女孩子的"富养",既要有物质上的基本满足,也要有精神上的磨砺和锻造，这样才能让一个人获得身心的同步成长。

在生活的磨砺中，很多女人变得茫然、随波逐流，不知道什么是自己想要的，自己的初心也早就消失殆尽。其实我们要多花一些时间静下心来读读自己，问问自己想要的究竟是什么。静下来的时间越多，就越会感到自己贫瘠。只有在静下来的时间里，我们才可以不断地成长丰盈；也只有在静下来的过程中，我们才会发现更好的自己。

2014年，关于董卿要离开央视的消息传得沸沸扬扬，很多观众都不希望自己喜欢的董卿离开。然而，后来证明董卿不过是去美国留学，并没有离开央视。对此，董卿的解释是："人的一生总该有所追求，不管是谁，不管在什么年龄。我不会离开央视，今后将继续做主持人。"

虽然内心充满不舍甚至是不安，但董卿还是决心离开一段时间。因为她知道虽然自己足够优秀，但时代在变化，她的同行们也在进步，她不能依靠自己过去的人气和经验吃一辈子饭，她仍然需要成长的机会，所以董卿才说出了这样一番深刻的话："我们每个人都和'更好'之间有一段距离。电视媒体现在竞争很激烈，真需要认真学习新知识，好好充电。"

暂时离开，只为找到更好的自己。这是董卿给自己的抉择写下的最好的注解。或许很多人都应该记住这句话，因为我们虽然总是希望在工作和生活上获得较大的突破，但很少人真的愿意拿出时间和精力付诸实践，或者是浅尝辄止之后就给了自己一个放弃的理由。其实，想要证明自己的价值，不必非得成功，但总要竭尽所能，只有追逐过，才有休息的权利；只有无畏过，才有总结的资本。

如果不愿意进行一次成长的淬炼，那么和当下人们吐槽的"巨婴"

又有什么区别呢？因为不愿意成长，就意味着不会成熟，一个人如果只能保持自己最本我的状态，不管活了多久，走了多远，其实心理年龄依然停留在青少年时期，脚下的路也未曾变过，仿佛一直在原地踏步。

女性在成长的路上会遇到各种挫折，也会承受很多痛苦，但我们会因此对喜欢的人和事产生更加执着的渴望，这种渴望会促使我们不顾一切地奔向终点，最终渡过难关。我们不要因为恐惧未知而给生命留白，对于心心念念的梦想，总要有一次"冲昏头脑"的实践，而在这实践中，我们才有可能见证一个全新的自己诞生，这就是成长的魅力。

第二章
拒绝寡淡的平庸

1 要有一次奋不顾身

问你一个问题：你有为自己奋不顾身过吗？

女人这一生，似乎容易为别人奋不顾身，为自己却很难，最经典的莫过于"为了孩子""为了这个家"，似乎女人天生就是要牺牲自我的。虽然有些牺牲并非不值得，但用这种道德绑架的方式去要求一个女性做什么，是对人性的一种压迫，更会抑制住女性的自我觉醒。

看看董卿，她用实际行动向我们证明，女人为自己奋不顾身是值得的。

试想一下：你因为朝九晚五的清闲工作而感到极度无聊，想要追求自己喜欢的工作却又不敢时，这种矛盾的心态被形容为"纠结"，其实它的另一个名字叫"怯懦"。根治它的办法只有一个，那就是勇敢地突破现有的一切，不要被你的女性身份所束缚，更不要听信所谓的"女性的责任"等等，只有为了自己而活，才对得起生命本身。

或许有人会觉得，没有谁愿意主动开启"地狱模式"，谁不想安安稳稳地选择一个自己驾轻就熟的操作难度呢？更何况女人一直被教育"找一份稳定的工作就可以了"。其实，敢于挑战"地狱模式"的女性有很多，就在你为待在舒适区还是勇闯夺命区纠结时，有的人已经放弃了家里提供的优越条件，孤注一掷地前往大城市打拼，她们不介意被贴上各种负面标签，她们思考的是如何让自己的人生更加精彩。

如果你没有拼尽全力的勇气，那么做任何事情都无法成功。

董卿就是那个敢于拼尽全力的女性，经过多年的独立习惯养成和成长训练，她已经具备了一种敢于向前冲的闯劲，只要为了梦想，她可以放弃现有的一切，欣然接受即将到来的挑战，即便中途遭遇挫折，也绝不回头。

小时候，董卿的愿望是成为一名演员，可是父母对这个愿望并不赞同，他们更希望女儿能够考上一所好大学，学习一个好专业，未来找一个相对稳定的工作。

对于女儿，董善祥有着自己的期望，对于她什么事能做、什么事不能做，他都有明确要求。他希望女儿温柔乖巧，要在家看书习字，不能在学校的舞台上表演唱歌、跳舞类的节目，在家不能频繁地照镜子，不能穿花花绿绿的衣服……如果说年幼的董卿十分遵从，那么当她日益长大、愈发独立时，父亲的传统、刻板都变得令人难以忍受。

面对父亲的强势，董卿选择为自己奋不顾身一次，她坚信女人20岁之前的容貌是天生的，20岁之后就是自己塑造的，经历、环境都会影响一个人的眼神和姿态。与其走父母设定好的那条路，不如去追求真实的自己。于是，董卿顶着强大的压力，最终选择听从自己的内心，并在1991年考入浙江艺术学校（现为浙江艺术职业学院）表演专业，在毕业大戏上，她出演了《哈姆雷特》中的母后，将自己对艺术表演的热爱诠释得淋漓尽致。

毕业后，董卿进入浙江省话剧团。初入职场的她对什么都感到好奇，她的工作也十分清闲，话剧团里还经常有人夸奖她很有气质。满怀憧憬的董卿原本以为可以大有作为，但实际上，并没有什么演出的机会。原因很简单，当时的话剧行业十分不景气，正遭受着电视节目的严重冲击，话剧团一年都没有几场演出。工资也很低，每个月只有126元，住宿的条件很差，她只能和同学一起去外面租房子。

对董卿来说，低工资不可怕，可怕的是没有发展前景，因为她一旦在这种懒散的状态中度日，迟早会"锈迹斑斑"，与整个时代和社会脱节。就在这时，董卿的转机来临了。

1994年，浙江有线电视台招主持人，董卿的朋友有意去试试，她便在陪同朋友考试的同时，顺便也参加了考试。这个人生的转折点对董卿来说终生难忘，她说："我至今记得那个夏天特别热，（我）穿着一条小连衣裙就去考试了，导演说主持一段吧，我也不懂要主持什么，导演说那你们就随便聊一聊。"

当时的董卿没有手机和传呼机，她是被传达室的大爷喊了一声"董卿电话"，接了电话才得知自己被录取了。

董卿进入浙江有线电视台之后，一边担任主持人，一边担任编导，面对高负荷的工作，董卿全身心投入。与此同时，父母获悉上海东方电视台正面向全国招聘，便建议她去试一试。董卿寄去录像带之后，便没再留意，直到半年后，上海东方电视台发来复试通知，于是在1996年，她顺利进入上海东方电视台。

董卿在上海时，由于才华横溢，主持了很多大型晚会，后来又做了上海和悉尼歌剧院连线的节目并因此获得了2001年的金话筒奖。

2002年，中央电视台西部频道成立，一个曾经是金话筒奖评委的负责人想起了董卿，打电话邀请她来央视。对于这个邀请，董卿表示："我当时很犹豫，在上海人脉和环境都有，又要离开？西部频道也是非主流频道。也许人的年纪越大，胆子越小，我害怕失去手上有的那点东西。"不过，董卿后来又问自己："如果再也没有中央台这个事，我能接受吗？我一定会后悔没有去试一下。"

又一次选择，董卿的回应是又一次的义无反顾。此时的她抱着豁出去的心态，准备好了一切：如何面对陌生的舞台，如何面对陌生的观众，毅然决然地从上海来到北京。

当时西部频道在大兴录节目，这是董卿听都没听过的地方，可她还是拿着大包小包，站在了大兴街头。可正是由于这一次的勇往直前，让董卿永不退缩的人设真正地立了起来。那段日子对董卿而言真的太辛苦了，她要往返于上海和北京之间，在北京录节目需要待7天，录好返回上海，如此循环往复，持续半年之后，整个人已经疲惫不堪。她也经常有茫然无措的时候，但对工作的满足感的追求战胜了迷茫不安。

路途奔波耗费了大量的时间和精力，长此以往，只会做无谓的消耗。思量再三，她决定放弃奔波，转战北京。也有朋友劝她，但她的态度很坚决，直言："我买了新花瓶，旧花瓶一定要丢到垃圾桶里。你们知道，我一向喜新厌旧。"

一个女人最宝贵的特质在于敢于为自己的选择负责，如果每次都是由别人来替你做决定，等于把自己的权利拱手交给了别人。而当这样的情况越来越多时，你的权利也就损失得越多，最终的结果就是你可能会收到越来越多的失望。这个世界上，真正能为你的决定负责的只有你自己。女性不是弱者，她们有权利决定自己的未来，更没有谁能证明女性的选择是短视的，那不过是用他人的利益来捆绑女性罢了。

有些女性之所以畏惧选择，是因为不想承担选错之后的压力，因为她们可能会受到来自社会各方面的指责。但事实就是，你越是畏惧这种压力，这种压力就越会限制你的人生发展，其结果就是导致你越来越不自信，而当你不自信地去做某件事时，其成功的概率会大大降低，这样还不如保持不变，留在舒适区里。事实上，只有产生了拼尽全力的想法之后，我们才能真正克服心中的恐惧，因为这时候我们已经退无可退，自然也就无所顾忌，反而更容易获得成功。

2002年，董卿将房子、车子都留在了上海，收拾了简单的行李，直奔北京。

其实，董卿在没来北京之前，生活是非常惬意的：彼时的她事业小有成绩，在上海有一批喜欢她的观众，虽然还不能和拥有全国观众的一流主持人相比，但对于一个出道没多久的新人来说，这已经足够了；她的工作没有那么忙碌，可以在闲暇的时间享受生活。但是，董卿并没有被这种安逸的生活所麻痹，她知道自己如果有那么一天要改变的话，一定会奋不顾身地投入进去。

北京对董卿来说是一个陌生地方，初来乍到的她只能暂住在出租屋里，但既来之则安之，她已经做好了吃苦的准备。为了新的机会，哪怕降低生活品质，她也在所不惜。她为每一次登台做足准备，每一句台词都要斟酌半天，直到自己满意为止。她对服装搭配也煞费苦心，为了找到合适的鞋子，她会在北京四处寻觅。如此，才能够在台上云淡风轻。

但是初到央视的苦楚和心酸，也是实实在在的。

董卿在担任《魅力 12》的主持人时，要在大兴区录制节目，所以虽然名义上是央视主持人，却与央视演播厅无缘。一次，正赶上北京的沙尘暴天气，她提着大包小包，要赶去节目录制现场，左等右等始终没打到车，最后不得不求助朋友。日积月累的小情绪在这一刻爆发了，她坦言："太难了，我不想做了。"朋友没有发表意见，只是淡淡说道："世界上有什么事情容易呢？"一句反问，让她的泪腺全线崩溃。

在节目录制的地方，一位保洁阿姨小心翼翼地问道："你是中央电视台的主持人吧？"董卿停了半拍，亲切地对她说："刮这么大的风，你还在工作，真不容易啊。"说完转身上楼，再次泪流满面。节目录制结束后，她搭上出租车返程，司机当即认出了董卿，欣喜地说："我们都很喜欢你主持的节目。"这份意外的赞赏让她打消了逃离北京的念头。

董卿回忆这段过往时，感慨道："上海到北京有多远？坐飞机 1 小时 40 分钟。CCTV 有多远？从涉足电视到跨入它的大门，我走了整整 8 年。我曾被很多人问到成功的秘诀，我总是以切身的体会回答，永远不要怀疑自己的能力，永远不要动摇自己的信念，咬紧牙关坚持下去，打开成功大门的往往就是最后那一把钥匙！"

"义无反顾、坚持到底"，这八个字说来容易，想要做到却不是"困难"二字足以形容的。但你为了自己而豁出去的每一步，都将为人生铺路，至于走向何方，全然由你自己决定。

请记住，那些让你曾经义无反顾的信念，最后都会变成闪闪发光的存在，因为，你为之奋斗过。

2 独处之中见真意

人生是一场孤独的旅行,而所谓的孤独不仅仅是一种状态,而且是一种需求。即便你有万千好友,你也仍然需要创造孤独的环境,让自己沉下心来思考,因为在喧闹的人群中,你可以感受到激情,你可以被人追捧,你也可能被人误解,却很少有人能让你足够清醒。

认清自己,有时候必须要从社会群体中抽离出来,因为我们在群体中会有群体的性格,那个"我"可能变得异常勇敢,也可能变得异常盲目,总之都可能不是真正的自己。想要认清自己,还是要关上门,安静地站在镜子面前,尤其是对女性来说,远离社会上的刻板印象,多形成一些客观的认识,更有利于看清真实的自己。

董卿从出生到7岁时,一直住在上海虹口区的外婆家,虽然父母很少陪伴她,但是外公、外婆、四个舅舅和一个阿姨却给了她无微不至的爱。他们一有时间就带董卿去逛公园、看庙会,给她讲各种好听的故事,还会带着她去繁华的街道上买衣服和好吃的。那时候的董卿似乎每天都生活在热切的关注之中,然而她也会有寂寞的时候。

由于住在四五层楼的公寓里,不像老北京的大杂院那样热闹,所以董卿除了亲人之外，并没有同龄人陪伴，也只有在这个时候，她才感受到了一种孤独。不过，那时的董卿没有哭闹，也没有缠着亲人，而是学会在没有人陪伴的情况下打发时光。或许正是这样一段经历，让董卿在之后的严厉家教中，依然能够坚持下来，哪怕没有人能体会她所承受的辛苦。

女人生活在世，有些事注定只能一个人做，别人是无法代替你的，也不要畏惧性别歧视，而要坦然面对。如果说女人学会独立是生活的必修课，那么学会独处就是成长的必修课，因为只有在独处的状态中，女人才能有机会认清自己和世界的关系，简化身上的标签，保留最精华的部分。

有些女性害怕孤独，总是把自己置身于各种社交环境中，甚至还会谈一场粗糙的恋爱，在外人看起来，你"人缘不错""社交技能点满""有个男朋友疼你"，但是仔细琢磨一下：你所谓的好朋友和男朋友真的能给你带来温暖吗？或许他们也像你一样孤独，所谓的聚会不过是一群孤独者的狂欢罢了。在这样的狂欢中，除了暂时地麻痹自己，并无实质性的收获。

有一年，董卿参与录制一个元旦节目，结束的时候已经是凌晨2点钟了，她问一起工作的几个同事一会儿去哪里，结果大家的回答让她有些伤感：要么回家吃团圆饭，要么已经买好了去国外旅行的机票，只有董卿孑然一身。

虽然有些落寞，但董卿还是微笑着一个人回到了家，看了一会儿电视，随便吃了点东西，直到早上七点才上床睡觉，全程没有人陪伴。但是，董卿习惯了这样的生活，这种生活也不能简单地评价为好或者不好，因为她选择了事业，势必要孤独前行。

当然，独处并非一种高端的生活状态，那些喜欢热闹的女性也没有错，独处有独处的快乐，独处也有独处的难言之隐。但无论怎样，你只要适应了它，就能更多地感受到它的积极意义。更重要的是，当一个女人学会独处时，就有机会铸造一颗坚强的心，它会让你在遇到困难时，第一个反应是"我该怎么办"，而不是"我该找谁帮忙"，这就是对世俗偏见最有力的回击。

换个角度看，独处是用精神支付的高消费，习惯独处的人，通常都是成熟的人，尤其是对于女性而言，她们的个性会更加独立，会以事业作为生活的核心，即便有过丰富的情感经历，也能坦然面对，不会因为和一个人的纠葛，消耗过多宝贵的时间。

日本漫画家宫崎骏曾经说过："不要轻易去依赖一个人，它会成为你的习惯，当分别来临，你失去的不是某个人，而是你精神的支柱。无论何时何地，都要学会独立行走，它会让你走得更坦然些。"

坚强的女性总是能够独自面对生活中的种种磨难，她们不会抱怨，也不会妥协，更不会认输，她们会以独处的方式重新认识并修正自我，逐渐在岁月的沉淀中从平凡走向卓越。

有人曾经问董卿："如何才能抓住千载难逢的机会呢？"董卿说："没有什么方法，我们在机会来临之前唯一能做的，就是忍耐和努力。"这里所说的忍耐，很大程度上就是指独处，因为没有人能帮你抓住机会，也没有人能帮你直接提升自我，这些都只能交给你自己去做，而这个默默付出的过程就是独处的状态。只有在这个过程中，你做好了充分准备，才能在机遇来临时，将其稳稳地抓在手中，否则就算天上掉下馅饼，你也可能无力抓取。

在董卿刚进入央视的时候，在每次录制节目之前，她都要查阅很多资料，因为主持人所需要的知识储备实在太丰富了，所以董卿就在海量的资料中挑选出对自己有用的部分，然后摘抄在小卡片上，在录制节目时有针对性地引用。在节目播出之后，董卿也会向观众寻求建议，看看自己有哪些地方需要改正。正是这种在幕后的努力，让董卿在录制节目中不出任何差错。不过，也正是这些大量的准备工作，让董卿不得不长时间独自工作，因为别人无法帮她搜集整理，更不可能替她去记忆。

所谓成功，其实没有捷径，需要日积月累才能厚积薄发，而独处就是"厚积"中最重要的组成部分。如果不想经历一个默默无闻且枯燥辛苦的阶段，人很难走到胜利的终点。为了达到这个目标，董卿做好了独自面对挑战的准备，她曾说："我不想只是做一个大家都认识的、能叫得出名字的人，而是要做一个有价值的、受人尊敬的主持人，这是我的梦想。"终于，董卿实现了自己的愿望，在追求梦想的路上，她一直在努力，也由此实现了生命的价值。

独处带给我们的是思想的开悟，让我们有机会和自己进行一次深沉的对话，只要你足够真诚，就能从这种沟通中获得你想要的东西。毕竟，人生路那么漫长，总有孤寂的时刻，也总有不可预知的意外，所以我们要学会自我保护和自我安慰，而这些都是外人给予不了的，唯有在独处中才能获得，它是我们前进路上的驿站，而命运不会辜负每一个默默赶路的人。

3　不妥协，不将就

　　一个女人可以温柔，但不能温柔得失去了锋芒，生活不可能永远是我们理想的样子，我们不能每次都逆来顺受，而是要在安静中保持坚强。然而，有些女人或许是受到了家庭教育的影响，在面临冲突时习惯忍让和妥协，结果为了所谓的"和谐"而牺牲了自己的利益，这是绝对不值得的。

　　拒绝妥协，并不体现在小事上，生活中的小矛盾，当然要尽量化干戈为玉帛，在无关紧要的小事上，我们不必暴露锋芒，但如果事情涉及底线和原则，那就不能妥协，要坚守公共道义和内心的法则。

　　不妥协的另一个共生体是不将就，有的女性生来怕麻烦，所以在遇到选择时，总会避免"浪费"脑细胞，将自己未来人生的决定权交给别人。比如，在报高考志愿的时候，不想去规划自己以后的人生路要怎么走，于是就让父母为自己做决定，这种将就的态度就害了自己。要记住，你的未来只有你自己能负责，别人无权决定你的人生。

　　董卿从小就喜欢文艺，她觉得只有做这些事的时候，才能体现自己的价值，然而董卿的父母对她搞文艺并不怎么支持，在他们看来，唱歌、跳舞似乎不是什么"正道"，甚至有些没出息。如果换作其他事情，董卿或许就会听从父母的安排，毕竟她从小就接受严厉的家庭教育，但是董卿这一次没有妥协，她在17岁的时候，瞒着父母报考了浙江艺术学校。

一个女人该如何度过自己的一生，这是一个非常值得思考的问题，如果你的内心需求和周围的标准不统一的时候，先别急着做出选择，而是先让自己冷静下来，倾听一下自己的内心，看看自己是否真的热爱这一切。如果你依然决定要遵从内心的愿望，那就不妥协、不将就地坚持下去，并愿意为此承担任何后果。这虽然听起来有些悲壮，但只要经历过这一关，你就会发现世界是如此美妙。

不妥协和不将就，并非一种盲目的固执，而是对梦想和生活的信仰，而怀揣这种信仰的女性，不会轻易被命运击败，反而会在生活的考验下越挫越勇。

董卿报考浙江艺术学校的事情，终于还是被父母知道了，一向倔强的董善祥将董卿的复试通知书给扣住了，坚决不让她去参加复试，然而董卿此时也一改平时对父亲的服从态度，坚定地认为只有投身文艺，才能给自己带来光明的前景，而并非成为高级知识分子。于是她使尽浑身解数劝说母亲，最后母亲同意了她的选择，偷偷地把通知书交给了女儿。

事已至此，董善祥仍然不同意，或许是因为女儿常年对他的管教很服从，这一次突然"叛逆"起来，让他有些难以接受。然而董卿的"叛逆"并不是真的叛逆，她是打定主意要走上文艺路，为此和父亲进行了激烈的争辩，最后董善祥还是没有说服女儿，只好陪着她去参加面试。

想要走出一条属于自己的路，就不要放弃自己对人生的支配权，不愿意勇往直前，那就只能习惯性地后退。一次如此，次次如此，而别人也会习惯帮你做出决定，一旦形成这种认识是非常可怕的。女人，必须要做自己命运的主人。

当下，困扰很多职场女性的问题并不是收入多少、职位高低，而是不知道自己想要什么，因为不知所措，所以随波逐流，时间一长，形成惯性，就会失去对职业的美好向往，变成了纯粹的工作机器。

1998年，董卿在上海东方电视台开始主持《相约星期六》，这是一档婚恋节目，目的是为在都市中打拼的年轻人提供自由健康的交友平台。节目组邀请的嘉宾都是普通人，让年轻人尽可能地放下包袱，展示自己，然后邂逅浪漫的爱情。由于节目形式非常新颖，所以《相约星期六》开播以来，收视率不断创下新高，连节目组的人都没有想到会如此火爆，它很快就成为电视台的金牌节目之一。

董卿在节目里与两名主持人搭档，她因清纯的外表和出众的口才吸引了观众的目光，又因为临场应变能力强而深受嘉宾欢迎，她的那句"相约星期六，有情就牵手"也成为当时很多人耳熟能详的一句话。其实，董卿为了做好这档节目，在工作时间之外，经常去图书馆查阅各种资料，不断打磨台词，让自己的表达变得更加丰富。

由于董卿的幕后努力和幽默的台风，《相约星期六》在一年的时间内就创下了收视率10%的好成绩，董卿也成为上海家喻户晓的人物。到了2000年，董卿因为工作出色获得了"第三届上海十大文化新人"以及"上海市新长征突击手"等荣誉称号。

按理说，此时的董卿已经是春风得意了，但在她自己看来，这样的成绩仍然是一个"合格"的水平，她还可以做得更好。所以，就在《相约星期六》持续火爆时，董卿竟然决定放弃手中的黄金栏目，加盟刚刚起步的上海卫视（2003年10月23日，上海卫视更名为东方卫视）。

在外人看来，董卿这个选择几乎不可理解，如果说节目不成功，选择掉头还情有可原，好容易有了一档火爆的节目，为什么要轻易放弃呢？事实上，人们对"好"的定义是模糊的，准确地说，每个人的标准都不同。对于一个不想登上更高舞台的人来说，《相约星期六》能主持一辈子最好，因为它足以满足一个主持人的基本需求，但是董卿不这么看，她说："在《相约星期六》，我可以看到若干年后的自己……生活没有多少变化。"

原因就是这么简单，董卿知道这档节目对自己而言没有提升的帮助了，如果继续做下去，那就是在混日子，就是在将就，她不想经营这样无趣的生活，所以才决定换一个新的战场。后来的发展也如董卿预判的那样，她进入上海卫视之后表现不俗，在2001年获得了第五届全国广播电视节目主持人"金话筒"奖。

脚下的路要自己走，这样才能凸显人生的足迹。不妥协和不将就，并不只是一种态度，更是一种生存的技能，因为我们需要找到最适合自己的舞台，也需要把我们真正的实力展示出来。

很多女性习惯于妥协和将就，并非只是出于维护"和谐"的目的，就像董卿曾经服从于父亲的管教那样，她们的妥协不过是不想为自己坚持的事情去抗争，她们的将就也不过是喜欢待在舒适区里。但是董卿不同，她有一股无所畏惧的闯劲，她愿意为了梦想放弃现有的一切，去迎接未知的挑战,她不会向困难妥协,更不会和安逸在一起将就。正如她所说的那样:"我不想只做一个大家都认识的、能叫得出名字的人,而是要做一个有价值的、受人尊敬的主持人,这是我的梦想。"

这个世界上没有谁能够随便成功,在通往成功的路上,女性需要克服的不仅是来自外部的压力,更要处理内心的纠结,特别是当她们需要做出选择时,必须要有不妥协、不将就的态度,就像董卿那样,不断为自己的未来做出关键性的选择,才能让人生的发展路径变为一条优美的上升曲线。

很多时候,生活对待女性是比较刻薄的,它不会给你一个预期的结果,反而会不断制造各种障碍来消耗你的精力和心血,让我们在碌碌无为中走向人生的终点。正因为这是一种常态,女性就需要觉醒,否则就会迷失在人生的修行路上。不妥协,意味着我们要开始捍卫自己的权利;不将就,意味着我们要开始正视自己的人生。听从内心的声音,跟着心声的指引,要为自己而活,你的人生才有机会大放异彩。

用热爱驱动人生

为什么有人在遇到困难后,能够坚持下去并成功突围?为什么有人在遭遇挫折后，就一蹶不振？抛开客观原因不谈，这在很大程度上是由人的内心是否足够坚定所造成的迥异之别，而这份坚定，其实就是源于对所做之事的热爱。

爱的力量是强大的，它不仅体现为人与人之间的情感之爱，也作用于人与事之间的付出之爱。当你足够热爱一件事的时候，你就会倾尽全力去做，即便你的个人能力不够突出，在热爱的加持下也会爆发出无限的潜能。这对于女性来说尤为重要，因为女性在封建时代一直被压抑和被边缘化，几乎没有主动去爱的能力，这不仅体现在婚姻上，更体现在事业上，所以主动去爱恰恰是女性意识觉醒的始发站。

或许有人会说，我爱钱，可为什么努力赚钱却赚不到呢？答案很简单，因为钱只是一个目标，而不是一种事业，如果给你足够的钱，你还会去赚钱吗？但事业不同，事业往往没有天花板，所以即便你达到一个很高的高度，只要足够热爱，也还是会继续做下去。即便别人无法超越你，你至少可以挑战自己。这就是追逐事业和追逐金钱的本质区别。

热爱让我们愿意深耕在自己关注的领域里，热爱让女性不是为了家庭而无奈地去做某事，而是可以振臂高呼地献身于自己钟情的事业。

董卿就是将热爱播撒在事业上的人，很多人都说，董卿的生活中只有工作。

在董卿主持《我要上春晚》这档节目时，她必须要提前一天和每一位选手见面交流，做好准备，以免在现场出现尴尬的状况。但是由于选手很多，每个人的特点又不尽相同，所以董卿会将所有选手的资料用A4纸打出来，纸上有三分之一的留白，供她记录一些要点。如此周密的准备工作,耗费了董卿不少时间和精力,如果换成其他人,也许觉得没必要做得如此细致,但董卿不这么认为,她热爱主持人这份工作,要把最好的节目呈现给观众,自然对自己的要求时刻不能放松,正如董卿所说:"在工作上,我不会放自己一马。"

热爱不仅是一种态度,更是一种行为准则。董卿说到做到,她在每次拿了台本之后,并不会凭着经验大致扫一眼,而是逐字逐句地认真看。为了避免外界打扰,她甚至会把自己关在书房里专注地阅读,把每一个环节都考虑周全,为此还去查阅海量的资料。其实,她完全可以只做到七八分就够了,毕竟她的个人能力已超出很多人,但董卿还是将这个付出的比重提升到了百分之二百,因为她热爱主持人这份工作,认为为了自己喜欢的事业多付出一些是值得的。

有了爱作为驱动力,董卿无形中给自己不断加码,她所设想的节目效果不是 100 分,而是 150 分甚至更多,她想让节目中的任何一个细节都吸引观众,所以她会和稿子上的每一个字,甚至每个标点,死磕到底。

当你为爱而做一件事的时候,你就会不由自主地想要让它尽善尽美,而在这个完善的过程中,你的能力就得到了提升,你的眼界也会随之开阔,你的人生自然也就登上新的高度。在这种新的高度上,你会渐渐忽略在追逐事业时所付出的辛劳,这不是因为你疼痛得麻木了,而是追逐事业本身所带来的快乐将其抵消了。

董卿的这份爱,让她对工作始终如初恋般忠贞不贰,她认为,当这份执着和热爱成为一种习惯时,她就不在乎为此付出了多少艰辛。正如爱上了一个人,就会愿意跟着对方去一个陌生的城市一样,虽然环境是陌生的，但你凝望爱人的眼神是热切的，这种深沉的爱会让你不由自主地冲破一切束缚。

爱它如初，这其实是很多成功者对事业的终极态度。

很多人无法用热爱去驱动人生，是因为在他们眼中，工作仅仅是养家糊口的需要，做完了，赚到钱了，一切就结束了。我们其实应该把格局定得更高，把目标设定为"做好了"，甚至是"做得几乎完美无缺了"，这时再去追求一个回报，你会发现结果可能超出预期，因为你的热爱为工作和事业提供了附加值。

把热爱融入工作中，你才有机会享受到不一样的人生，特别是当你被贴上了源于性别歧视的"大龄剩女"等负面标签时，你会用发自内心的爱去消弭这些偏见，守住初心。

董卿在《中国诗词大会》上的表现惊艳了所有人，人们见识到了她独特的文化气质，这种气质不是炒作出来的，而是由内向外自然散发出来的。在《朗读者》这个节目中，观众终于了解了董卿在精神世界中的追求以及由此获得的更高层次的情感体验和认知升华，而这一切都和她对阅读的热爱分不开。

曾经有人问董卿为什么要去做《朗读者》，言外之意是以董卿的能力，似乎可以做更受欢迎的商业化节目，但是董卿回答说："可那么多优美的文字就等在那里，我想反问的是，为什么我不去做呢？"显然，董卿在做这档节目时，思考的不是世俗化的衡量标准，而是遵从内心的喜好。因为她爱，所以必须去做。

关于《朗读者》，董卿深情地说："我从事电视行业已经二十二年了，到了去做一档自己真正喜爱的节目的时候；央视作为国家级电视台,也到了一个扛起文化大旗、承担起文化传播职责和使命的时候,所以《朗读者》诞生了。"

董卿的这番话,不仅是说给观众们听的,也是说给自己听的,她想时刻提醒自己,不要忘记心中的理想和目标,不要把主持人当成是一个出名谋利的身份,她应该在这个舞台上追寻自己一直没有放弃的理想和目标,用热爱驱动人生达到新的高度。

在真人秀节目"霸屏"的当下,选择做一档文化类综艺节目,需要充足的勇气,需要把利益暂时放在一边,如果没有足够的热情,是很难做到这一点的。

现在这个时代,人心浮躁,很多人或者懒得思考,或者畏惧思考,于是就采用随波逐流的方式盲目从众,把最重要的东西——对事业应该投入的热情丢掉了。其实,在快节奏的时代,我们应该多听从自己的内心,选择一份自己喜欢的工作并且为之全力以赴,这样,你总会发现工作的乐趣,而一旦有了这种感受,就会让你忘掉工作中产生的负面情绪,特别是对女性而言,这样的态度有助于你摆脱被家庭束缚的困境。

董卿刚刚进入浙江有线电视台的时候,台里为她安排的工作是主持《快乐大篷车》这档综艺节目,节目风格轻松活泼,很像是小品、相声等多种艺术形式的大融合,而董卿负责对观众说"串词"。所谓"串词",就是在晚会、联欢会等大型联欢活动中,主持人将前后节目恰到好处地联系在一起的台词。它是一门艺术,需要有固定的套路,同时也和节目的调性以及主持人的风格有关。出于对主持工作的热爱,董卿依靠她灵活的头脑和扎实的文学功底,将串词这一门技术精彩纷呈地展示给观众，获得了大家的喜爱。

其实，在圈内一直有这样的说法：一些主持人在台上妙语连珠，而一到台下或者临场发挥时就语不成句，为什么会出现这种现象？原因在于这些主持人只会机械地背诵事先写好的台本。那么，董卿为什么可以游刃有余地现场发挥呢？因为她是真的热爱这份工作，在闲暇时间也不忘记积累，所以才能灵活应对各种场合。比如谈到收藏，董卿可以马上诵起别人送给她的一幅好字，而说到"勤奋"这个话题，她又可以马上引用梵高的一句话："为了艺术，我们献出了青春、健康和自由。"

如果少了一份热爱，只把工作当成赚钱的工具，那么只要能应付台上就可以了，董卿绝不会投入这么多的时间和精力去完善自我，但她没有这样做，因为她能感受到沉浸在主持人这个角色中的快乐，所以再多的困难也能从容应对。《快乐大篷车》的串词很多都是董卿自己撰写的，除此之外，她还会跑到机房跟同事学习剪辑和配音，了解上下镜头之间的关联和剪辑逻辑，这样她就能写出更符合舞台表演实际的台词。对她来说，这种生活充满了乐趣和希望，哪怕她要承受一定的压力，但这种压力在热情的驱使下转化为了动力。

其实，想要获得"热爱"这种能量并不难，你不需要像董卿那样优秀，即便你是一个普通的女性，也可以用爱去唤醒沉睡的潜能。因为爱本身并不神秘或者高端，只要你把眼前的事情认真做好，就是一种最真诚的爱；而当你习惯对某件事付出爱的时候，你会发现爱的能量是取之不尽、用之不竭的，你的人生也会在爱的推动下，朝着光明的方向前进。

5 做自己，而不是做别人

法国著名作家纪德曾说："做自己而被人讨厌，好过做别人来招人喜欢。"

相信很多人对这句话深有体会，在从小到大的成长历程中，几乎每个孩子都曾被父母以某个优秀同龄人的标准来要求过，于是就有了今天的名梗——"别人家的孩子"。从某种意义上讲，这种向优秀分子看齐的逻辑，并不是学习对方的优点，而是直接复制出一个"克隆人"罢了，因为父母认为既然是"好"的，那就要全面学习。

不知道人们是否想过，以这种"好"的标准去要求别人，是不是忘记了对方原本的样子呢？当然，对于曾经被这样要求的我们来说，更应该认真思考一个问题：人不是机器人，不可能用一条生产线去复制无数个成品，我们真的需要盲目追寻一个"好"的标准而放弃自我吗？

可悲的是，有些人并没有意识到问题的严重性，他们会真的想将自己复制成一个优秀分子，他们内心想要获得更多的关注和称赞，甚至可以为了一句并无实在意义的夸奖而丢掉了自我。这是非常可怕的，这种情况在一个女人身上更是如此。因为长期以来，在传统观念的影响下，女性仍然会被一些人看成是男性的附属品，没有话语权，没有自主权，她们的存在似乎早就被写进了某个剧本之中，于无形之中给她们套上了统一的模板，比如"三从四德"，它直接扼杀了女人的独特个性，以标准化的方式去"量产"，这是对人性赤裸裸的剥削和迫害。

人之所以为人，是因为和别人不同，有自己独特的存在意义。身为女性，时刻不要忘记这一点。

在很多人看来，董卿是一个自信优雅又富有才情的女子，已经配得上"仙女"和"精灵"的称号，然而不少人或许想不到，董卿曾经也有过一段卑微的人生经历。

1991年9月，董卿考入浙江艺术学校，也就是今天的浙江艺术职业学院。她学的是表演专业，虽然她天生丽质，但是这所学校的学生个个都外表出众，或者气质独特，相比之下，董卿倒是显得有些黯然失色了。董卿曾经引以为傲的能说会唱其实也算不得什么，毕竟这里的同学在容貌、形体、嗓音或演技上各有擅长之处。比如董卿的校友周迅，当时在舞蹈系，因为长相娇美，已经成为小有名气的平面模特，曾经拍摄过许多挂历图片和杂志封面，这足以引来全校女生的羡慕和惊叹。

在第一次上形体课时，老师为了培养学生的气质，让同学们练习芭蕾舞的基本动作，除了董卿之外，其他同学们都做得很熟练，而且也很优美，唯独董卿跟不上节奏，显得十分笨拙。在这种环境下，董卿克服了自卑的心情不断学习，可依然效果一般，找不到别人早就找到的感觉，最终表演课的老师忍不住对董卿说："你看上去挺修长的，但动作怎么一点儿都不灵活呢？"

这番话虽然客观，但是对于本已自卑的董卿来说，实在是不小的打击，她已经为了追上同学坚持勤学苦练了，无奈人家都是天生吃这碗饭的，董卿的努力确实收获不了对等的回报。所以每次上形体课，董卿面对满是镜子的教室，内心都是窘迫不安的，她看着同学们落落大方的表演，忍不住觉得焦虑和羞愧，甚至认为自己是误入了天鹅群的丑小鸭。最后，董卿用"难忘啊，自卑的大一"给这段经历进行了总结。

有时候，别人的几句话就能让一个人的尊严被压垮，正如此时的董卿一样，她的确对艺术十分向往，但艺术的种类本就丰富多彩，唱歌跳舞是其中的一部分，董卿在这方面或许没有过人的天赋，当时老师的话的确让董卿发现了什么叫"人外有人，天外有天"。于是，跟不上节拍的董卿一直很难过，她甚至想过是否要牺牲大量的阅读时间去练习台词和形体，因为大家都擅长形体，而她似乎只会读书，这在艺术圈里好像是没什么用的，自己真的应该和别人一样吗？

此时的董卿已经不知不觉地走到了人生的岔路口上，如果她真的盲目屈从那个抽象的"好"的标准，很可能这个世界上就少了一个优秀的主持人。所幸，董卿经过思考之后终于明白，在一群天资超出常人的同学中间，用自己的劣势去和别人的优势对抗是不明智的，这样只会让一座原本岿然不动的大山在剧烈的震颤中抖动，甚至垮塌。

经过深思熟虑之后，董卿转换了思维，她认为自己虽然在形体表现上无法超过同学，但是自己在文化课上的优势也是他们所难以企及的，幸好董卿的班主任也意识到这一点，便以此为切入点帮助董卿重塑自信。

董卿说："我跟自己有过一次对话，对话的结论就是，我不应该牺牲阅读的时间，去练习台词、形体，相反，我应该更扎实地掌握书本知识。"

董卿正是抱着这种心态，开始接受并正视自己的优缺点，她努力主攻文化课，最终在大一期末的时候，成为学校里"一等奖学金"的获得者，拿到了72块钱的奖金。这笔钱虽然不多，但是对董卿而言，这是第一笔可以自由支配的资金，更重要的是，这让她真正体会到了重获自信的快感，就像是在乌云蔽日下艰难赶路的人终于拨云见日一般。

人们常用取长补短去要求一个人进步，其实这是一种错误观念，因为人的某些缺点不容易改正，即便修改过来，也很难变成优点，反而会在这个过程中忽视了对其他优点的发掘，逼迫自己按照别人的特点去摧毁原本的自我，这样的生命不是顽强的，而是盲目的，是不顾客观情况的直撞南墙，失去了生命应有的独特之美。

在董卿那段有些灰暗的日子里，书本给予了她足够的力量，没有让她变得抑郁甚至自轻自贱，而是让她一点点地正视自我，把视线转移到更为明亮的地方。

三毛说过："生命短促，没有时间可以浪费，一切随心自由才是应该努力去追求的，别人如何议论和看待我，便是那么无足轻重了。"人生在世，我们不要让别人来决定我们应该活成什么样子，特别是对女人来说，更要摆脱这种源于传统观念的束缚，永远不要忘记自己首先是一个有血有肉、有选择自由的人，然后才是一个女人，不要被"女性该如何"等陈旧的观念影响了内心的选择，永远不要忘记自己是谁，更不能轻易放弃自己的梦想，因为你的梦想只能由你来操控，别人是无权指责和干涉的。

很多时候，一个人放弃了某件事，并非因为这件事本身很难，而是因为站在我们身后的人总是在指指点点，让我们无法冷静下来，受到了外界错误的引导。尤其对女性来说，更容易在父权的影响下被贴上某个标签，而这些原本是限制女性寻找真正自我的镣铐，却被一些人误以为是女性的"优秀样板"，结果在错误的道路上越走越远，不仅没有坚守住内心该有的镇定和执着，反而活得不伦不类，继续被人指摘和嘲笑。

或许你在意别人的评价，是因为你不想破坏自己在对方眼中的形象，但是对于真正关心你的人来说，你应该勇敢地活出自己的样子，而不是屈从于某个标准。如果你没有在这条路上坚持下去，首先对不起的不是别人，而是你自己，这样的人生还拥有灿烂的光芒吗？

当然，在这个充满世俗味道的世界里，想要坚持做自己并不容易，可能意味着你从此要踏上一条孤独跋涉的道路，但只要你做出了选择，就要坚持到底。这条路虽然艰难，但你每走出一步，你的形象就会变得更加真实，你不必和某个人做对比，你只需要和昨天的自己赛跑，因为在目的地，你追寻的终极目标是"真实的你"，而非"优秀的她"。

不卑不亢,更有质感

当有一份你不认可的方案摆在面前时,你是勇敢地提出自己的意见,还是沉默地收起锋芒呢?相信类似的场面对很多人来说并不陌生。

我们活在各种社会关系之中,很多时候为了维护一种"和谐",要包容他人的错误,但是因为这种包容是不可量化的,导致一些人在执行时拿捏不好分寸,将包容变成了纵容,甚至违背了内心的基本准则。即便如此,很多人还是宁可选择屈从,也不愿针锋相对,因为人们会用"善良"去绑架我们。

很多女性从小就被教育要"温柔、善良",而男性则被告知只要成功,手段和方法并不重要,甚至"温柔"会成为一个反面词语,因为对男性的要求更多是"孔武有力"。于是,在这种差异化的两性教育中,女性往往更容易处于被动地位,在家中不能和父母顶撞,在职场上要保持淑女形象,即便自己组建了家庭,也还有一个"贤妻良母"的道德标签捆绑。在多重束缚之下,一些女性失去了棱角,默默地守着社会教给她们的"温顺法则"。

然而，温顺真的是一味忍让吗？显然不是。温顺不是委屈自己，更不是屈从于命运，生活不需要妥协，更多时候需要的是抗争。因为一个人如果按部就班地工作和生活，大概率是不会成功的，只会越来越平庸，毕竟现实生活中没有人有"主角光环"，更没有"开挂"的本领。

保持不卑不亢的态度，你才能坚守在自己的阵地上不退缩，你出让的权利越多，喘息的时间就越少，别人就会变本加厉，而命运更不可能垂青于你，因为你已经放弃了选择。尤其是对女人来说，性别歧视会加剧这种屈从心理，你必须拿出比男性更多的反抗精神，才能捍卫同等的权利。记住，当你越是卑微时，成功就距离你越远。

董卿从小时候开始，就不是一个按部就班的人，她从来不会盲目从众，更不会被所谓的社会教化迷乱双眼。虽然她看起来纤弱，却十分有主见，更有一种敢于反抗的精神，只要心中做出了决定，即便是严厉的父亲也不能迫使她服从。这种有主见的态度，成就了董卿不卑不亢的性格，让她的生命变得更有质感。

在浙江有线电视台工作期间，董卿因为主持《快乐大篷车》而崭露头角，成为台中很有发展潜力的新人。那时候的董卿既骄傲又自豪，每次去食堂打饭的时候，她一想到自己已经成为浙江有线电视台的一员就无比愉快。尽管当时那座大楼十分破旧，却阻挡不住董卿的喜悦，因为她仿佛看到了一条光明的道路铺展在自己面前。

1995年对于董卿来说，是一个命运的转折点，就在这一年，董卿的父母在报纸上看到了上海东方电视台的招聘启事，马上就告诉董卿，让她去试一试。面对这一次人生抉择，董卿没有犹豫，马上给上海东方电视台寄出了自己的一盘录像带。

董卿为什么把上海当作更大的舞台呢？因为当时的上海东方电视台通过东方明珠广播电视塔（亚洲第一高塔）进行发射和微波差转，信号足以覆盖长江三角洲地区的大部分城市，打破了地域的局限性，这意味着会有上亿的观众收看他们的节目。如果有人能够在这里崭露头角，将会获得更多的曝光机会。

当然，机遇和挑战永远是并存的，如果董卿进入上海东方电视台，那意味着她在浙江积攒的人气将无法继续使用，她就必须以一个新人的身份进入电视台，哪怕之前她主持的《人世风情》这档节目获得了国家级的奖项。

不卑不亢的人生，不只是不妥协，也包括了不要高傲。女人既不能被"温顺"这个标签所绑架，也不能为了反抗而刻意装出一副叛逆的模样，避免从一个极端走向另一个极端。女性反抗的其实不是某个具体的标签，而是给标签赋予所谓"正确性"的那股力量，不能因为对方要求你"文明礼貌"，你就直接用"野蛮粗鲁"来进行反抗，这种单向思维最终害的还是你自己。

董卿的不卑不亢正是一种恰到好处的调和。她可以为了梦想，公然反抗父亲对自己命运的安排；她同样可以为了梦想，回归新人的身份，从头做起。这需要足够的勇气和耐性。

董卿在寄出录像带之后，心并没有变得浮躁起来，她仍然全力以赴地在浙江有线电视台工作，过了差不多半年，就在她几乎将上海东方电视台遗忘的时候，忽然收到了来自上海的信，信上的内容是："我们是上海东方电视台，经过层层筛选，觉得你的条件很好，决定请你来参加我们的复试。"

后来董卿才知道,那次复试,上海东方电视台总共录取了两名女生,董卿就是其中一个。不少人都对董卿表示羡慕,因为人人都知道进入上海东方电视台的发展前景有多么好。然而,董卿没有因此骄傲自满,她知道以自己的资历和能力,在人才辈出的上海东方电视台可能并不出众,所以她还是保持着低调的姿态。

其实,董卿比任何人都清楚,上海东方电视台不会在意她过去主持节目时的收视率,也不会因为选中她而马上让她主持重要的节目,因为她再优秀,也依然是一个新人。作为新人,注定就要从头做起,从一点一滴做起。聪明的董卿意识到自己迎来的不会是一个爆发期,而是一个蛰伏期,这段日子必然会很辛苦,但她既然做出了选择,就要努力将蛰伏期变成修行期,一旦期满,就要迎来新的高光时刻。

作为女人,永远不要把自己摆放在一个很低的位置上,你必须要时刻积极地争取,那些暂时不属于你的,也可能在你的努力之下变成自己的,而那些属于你的,更不要轻易丢给别人。只有当你保持这种积极的姿态时,别人才能足够尊重你,否则你只会丢失更多的东西。不喜欢的事情,就不要去做,没有谁可以强迫你违背内心的真实想法,你的温顺可以温暖他人,但绝不能麻痹和绑架自己。女人只有敢于在锋芒中前进,才能为自己的头顶争取一片更为广阔的蓝天。

第三章
演绎知性之美

1　学会主宰情绪

美国第 34 任总统艾森豪威尔曾被记者问道:"在您一生中,什么样的对手最让您感到害怕和头疼?"艾森豪威尔回答说:"自己的情绪。"

人最大的敌人永远是自己,而这个敌人的名字就叫作情绪。人们常说"冲动是魔鬼",指的就是情绪对一个人在决策上的干预和影响,因为情绪会吞噬理性,更会消磨意志,还会间接影响身边的人,要知道负面情绪是很容易传染的,比如悲观和失望。

女人是感性的,感性让女人变得更可爱,也更动人,感性让她们往往比男人更有同理心。葬花这种事几乎只会发生在林黛玉这样的女子身上,女人因感性而迷人。不过,感性带给女人的并非都是好处,有时候女人也会因感性而情绪失控,特别是在人生失意之际,一个原本可以做出更好选择的女人会因为情绪化而选择错误的方向。

成为情绪的主人,就要掌握控制情绪的能力。事实上,女人因为感性而情绪化,但也容易利用感性而优化情绪,最典型的就是借助音乐。

当你处于负面情绪时，一曲悲怆的音乐会加重这种感受，而一首激昂向上的乐曲就会舒缓你心中的愤懑和抑郁，这就是因感性而情绪化，又因感性而快速治愈内心。因此，音乐可以看成是女性的心灵伴侣。

董卿是一个喜欢音乐的人，她特别喜欢听古典音乐，用她的话说就是："正是古典音乐让我第一次感觉到内心的成长，它仿佛能包容和消化我的所有情绪，就像海纳百川，让情感收放自如。"

音乐是女人内心世界中最浪漫的表达方式之一，因为女性的共情能力强，可以从一曲音符中感受创作者的初衷，去体会自己不曾经历的人生，用别人身上的阳光来照亮自己的前路。一个对音乐完全没有兴趣的女人，不能说生命存在缺憾，至少在治愈负面情绪时，少了一种有效的方法。

董卿在人生道路上经历过很多挫折，她自卑过，被误解过，也被轻视过，但是每一次她都能成功摆脱阴影，这都得益于她对音乐的热爱。对于她和音乐的关系，董卿是这样描述的："我唱歌还可以，可对乐器却一窍不通，父母压根就没有在音乐方面培养过我。如果有时间，我希望学习小提琴，它的音质让我沉醉。"

女人可以在乐曲声中找到自我，不管是一首含情脉脉的情歌，还是一首欢快愉悦的小调，都可以让女人暂时从现实的纷扰中解脱出来，找寻到一个放松身心的世界，那些美妙灵动的乐符也就幻化成对灵魂的歌唱与抚慰。

如果说听音乐是借助外部力量来安抚情绪，那么女人还需要一样东西来由内向外地掌控情绪,那就是自我激励。

人们常说的情商,不仅包括了识别情绪、社交技巧这些外在的能力,也包括人对自我的激励能力,因为只有先消除掉自身的负面情绪,才能游刃有余地在社交中展示你的魅力。正如董卿所说:"生活不会像你想象的那么好,也不会像你想象的那么糟,无论好的还是糟的时候,都需要坚强,人面对脆弱的能力,远远超乎自己的想象。"

你的脆弱,就是负面情绪的源头,只是很多时候你不曾注意它的存在,而当它成为一种负面力量在你内心深处生根发芽之际,此时想要将其铲除,就难上加难了。女性本身并不脆弱,但受到一些刻板偏见的影响而承受着比男性更多的外部压力,于是往往神经紧绷,进而变得脆弱。因此,女性更应该学会用自我激励来消解负面情绪,别让它主宰你的生活。

有一次,董卿在一场上海直播的新年音乐会上,突然莫名其妙地口吃了起来,还把一句话重复了两遍。就整场音乐会的表现来看,这不过是一个小小的瑕疵,但对于向来严格要求自己的董卿来说,这种明显低级的错误实在是无法原谅。直播结束后,董卿还要去新加坡录制节目,可她还是被刚才的失误所折磨,无法集中精神预演下一场节目。当然,董卿最后还是完成了新加坡的节目录制,那是因为虽然这一路上她被负面情绪紧紧地包裹着,她却能及时调整心情,没有让坏情绪干扰工作。

诗人普希金说过:"假如生活欺骗了你,不要悲伤,不要心急,忧郁的日子里需要镇静。"的确,像董卿这样优秀的女性,也难免有犯错的时候,犯错本身并不可怕,特别是当这个错误还不足以造成无法挽回的后果时，不如一笑了之，把它当成人生中出糗的某个瞬间，在日后的某一天，说不定还能当成段子和亲朋好友分享，而如果你久久不能释怀，那就会被糟糕的生活欺负到底。

生活不给你微笑，你为什么不能大方地笑给它看呢？当你主动与生活和解时，你才掌握了主动权，你的情绪也无法扰乱你的正常生活。

董卿在参与录制"CCTV 青年歌手电视大奖赛"时，投入了全部精力，每天都会紧张备战，力求让每一个环节都趋近完美。或许是因为太过劳累，董卿在一次播出时不小心念错了一位选手的成绩，在节目结束后，领导告诉董卿以后要注意。其实，不用别人提醒，对自己严格要求的董卿已经自责不已，她甚至在会议现场当着大家的面落下了眼泪。

董卿是优秀的女性，但她也免不了犯错，免不了有内心脆弱的时刻，但这并不意味着她会被这些负面情绪所左右。有一次，董卿和《艺术人生》的制片人王峥聊天时，对方发现她脸色不太好，董卿说自己最近经常失眠，王峥缓缓地说："我也曾经那样，走过来就好了。"董卿说："有时候，我脆弱得可能一句话就让我泪流满面，但是更多时候也发现自己咬着牙走了很长一段路，这段路之后，一切豁然开朗。"

其实，董卿早就学会了和情绪做斗争，因为她在千锤百炼中发现：越是惧怕负面情绪的干扰，就越会被情绪所操控，与其被动，不如主动出击。在经历挫折时，不断激励自己，就像用一曲温柔舒缓的音乐来治愈内心的伤疤，让自己尽快走出来，这才是强者的风范，也是一个现代女性该有的姿态。

人的一生，不管起点如何，注定很难一帆风顺，所以逆境对我们来说是客观存在的，谁也逃不掉，而负面情绪也会相伴相生。既然现实如此残酷，我们为什么不摆正面对逆境的心态呢？与其用一生去治愈某块疮疤，不如在受伤之前主动防御，给自己最坚强的信念。让我们仰视灿烂的星空，体验生活中的精彩，就像我们所挚爱的美妙音乐，只要你愿意，随时都可以哼唱一曲，让你在灰头土脸的困顿中重新振作起来，期待着明天的美好。

2　用真心去包容

人们常说，生活中不缺少美，只是缺少发现美的眼睛。这句话也可以扩展为：生活中不缺少爱，只是缺少会包容的心。

我们在童年时期，总会觉得让步是一种丢人的表现，所以总会据理力争，不会去包容别人，结果就是自己和对方都弄得满身伤，无法感受到世界上还存在着爱，只看到对立和敌视。事实上，包容并非一种无原则的让步，只要掌握好尺度，找准角度，包容体现出的是一种修养和度量，甚至是对生活真相的发现。

一些女性本性善良，不过有些小脾气，喜欢不定期地发作，用现在的话讲就是"爱作"。如果这个"作"的尺度和频率拿捏准确，那的确是一种小情趣，但如果掌握不好，就会破坏和他人的关系。从本质上讲，喜欢"作"的女人，更希望是由别人来包容自己，虽然这种目的也并无恶劣之处，但如果养成习惯，就会慢慢失去理解他人的能力。因为一个不愿意包容别人的人，总是习以为常地站在自己的角度去思考问题。

愿意包容的人的世界会变得更宽广，因为你已经后退了一步，你会看到一个更广大的世界。但如果你硬上前，未必能获得更多的空间，反而很可能会加剧和别人的冲突。

对青少年时期的董卿来说，"包容"是一个陌生的词语。因为父亲一直用严厉管教的方式去引导她，比如不能穿裙子，不准大声说话，不准和男生来往等等，这些近乎清规戒律的要求让董卿无法忍受。终于有一次，董卿在饭桌上爆发了，当她听到父亲对自己的批评时，她没有选择默默地接受，而是猛地把瓷碗摔在水泥地上，这个叛逆而反常的举动自然惹恼了父亲，父亲起身就要打她，董卿不甘示弱地又扔了一个碗，可能是觉得不过瘾，接着又扔了一个。自然，那天的饭，谁也没有吃好，董卿和父亲都处于极度的愤怒之中。

董卿的父亲的确严厉，这种教育方式合不合理有待商榷，但是父亲对董卿的爱是不容置疑的，只是父亲采用的教育方法未必适合董卿。当然我们也可以假设，如果董卿的父亲采取自由式的教育，董卿还有可能成为那个自律性强、意志坚定的优秀主持人吗？所以问题的关键不在于谁对谁错，而是能否理解对方的初衷。

很多人不愿去包容别人，就是因为包容本身意味着牺牲，它要求你放弃当前的情绪，转而代入到对方的立场中去重新审视当下的状况。

这需要很强的情绪控制能力，也需要足够的理性和客观，所以这个世界上能够真心包容他人的人并不多，这样就造成了很多误会和偏见。

那么，董卿有包容过父亲的严厉吗？答案是肯定的。在董卿慢慢长大以后，她也会经常回顾自己的青少年时代，再看看自己身上具备的那些优秀特质，她慢慢发现，这些特质并不是她生来自带的，而是和家庭教育有着密不可分的联系。

董卿上大学那天，父亲拎着沉重的行李将她送到了寝室，然后脱掉鞋袜，爬到董卿的床上，拿出褥子、被子和枕头等东西，为她铺好床。临走时，父亲没有对董卿说很多话，只是叮嘱着"自己照顾好自己啊"。那一刻，董卿流下了感动的泪水。

身为女性，董卿的确承受着更多的压力，但她并没有因此产生"如果我是一个男孩，父亲就不会这么对我"的想法，这也是一些女性容易出现的理解偏差。其实从父亲的角度看，正因为董卿是一个女孩，在社会上容易受到伤害，所以才用严格的家教让她遵守各种规矩，这样既能锻炼她的综合素质，也能在客观上让女儿规避很多风险。

在董卿理解了父亲的良苦用心之后，她也终于和青少年的自己和解了，她不再将那段严酷的成长岁月视作灰暗的日子，反而将其看成为一段必要的磨砺时光。因此，后来无论父母再对董卿说什么，她都会让着他们。有一次录制节目，父亲给董卿发短信，说她在节目中没有理会别人，显得有些高傲。收到短信的时候，董卿正忙着对主持稿，但她还是抽出时间回复父亲：知道了，您说得对，下次会注意的。

一个人成熟的标志，就是能够跟亲人、朋友不争无所谓的长短，因为他们知道这种无意义的对抗只会破坏彼此的关系，让爱慢慢被消耗。那些好面子的女人，总会和身边的人论输赢，这样看起来很"酷"，但代价是透支他们对你的信任与爱。而且，越是不愿意包容别人的人，内心越是胆怯和不自信，所以才把面子看得如此之重。

女人，千万不能让狭隘和嫉妒影响自己的内心，要学会去包容对方，少一分争执和戾气，这样才能发现生活中的美好与爱。毕竟，人的精力是有限的，当你总是将胜负心放在这些鸡毛蒜皮的小事上，你又有多少时间去经营属于自己的事业呢？

爱，就要包容，就要懂得适时地让步。如果董卿在收到父亲的短信后，为自己辩解，不管最终父亲的态度如何，她肯定无法准备好即将开始的节目，而这种不虚心的态度也会让父亲不再为她提供建议，她可能就会在一条自我感觉良好的道路上越走越远。

女作家苏芩曾说："懂得让步的人是聪明的，这是把决定事态走向的主动权握在了自己手上。感情对抗战中，赢了面子，就输了情分。死撑到底的人往往都成孤家寡人。弯腰不是认输，只是为了拾起丢掉的幸福。"

的确，包容听起来是一种懦弱，但其实是以退为进，善于包容他人的人才是可爱的，特别是对女性而言。在世俗教育中，对男性有明显的"男子汉要心胸宽广"之类的教化，对女性却并不多，有也主要体现在家庭内部，所以不要产生一种错觉：女性可以"作"，可以拥有被别人包容的权利。无论在家庭中还是社会上，包容都不代表着一种退却，更不是从权，而是一种尊重和涵养，这才是优雅女性最闪亮的标签。

少一些抱怨，多一些包容；少一些对比，多一些关爱。时刻以友情的态度、爱情的心理来对待身边的人,这不是封建社会的刻板教育,而是源于女性内心的一种成熟和沉稳,它不会被岁月击败,也不会被世俗诟病,它只会让女人提升自己的高度和境界,展现出一种别样的风采。

率性但不刻薄

在这个时代,率性已经成为一种稀缺的品质,因为人们已经习惯了隐藏锋芒,习惯了在众人面前表演,故意展示出自己最"从众"、最"温顺"的一面。只有少数人敢于率性而为,而这样的人有时候的确深受欢迎,却很少有人愿意真的效仿他们,因为率性的成本很高。

在世界文学名著《飘》中,女主角斯嘉丽就是一个率性而为的女人,她敢于反抗传统,甚至喜欢做一些在旁人看来是"离经叛道"的事情,所以她承受着更大的压力和更多的指责。在现实生活中,女性能够率性而为的例子更是不多见。在传统观念的影响下,女性往往被看成是男性的附属品,她们不被允许拥有独立完整的人格,也没有改变自身的话语权,这就导致了"率性"对女性来说是一种"危险品",她们要做的不是成为一个有个性的人,而是按照既定的模板,去活成别人希望的样子。

对于现代女性来说,率性是打破性别枷锁的第一步,这意味着女性自我意识的觉醒。不过,在塑造"率性"的同时,也需要注意和"我行我素"区分开来。为什么会有这个提醒呢?因为随着女权运动的兴起,一部分新时代的女性已经勇于反抗男权社会的压制,打造出了属于她们自己的人生模板。不过在这条女性解放的道路上,有一部分人并没有真正理解率性的含义,把率性的尺度调大了一点,主观地认为率性就是毫无顾忌地展示自我,丝毫不在乎别人的看法。

客观地讲,女性从过去被压迫的环境中走出来,矫枉过正也情有可原,何况"率性"本身是一个无法量化的概念,所以出现理解偏差也很正常。但是如果不能及时修正对率性的理解,会给身边的人造成一定伤害,最终影响到自己的社交生态。因此,把率性拿捏准确,既收敛地张扬出个性,又保持应有的内涵,这才是现代新女性应该具备的特质,也会得到人们的尊重和理解。

董卿就是一个率性但不刻薄的人,她身为主持人,并不会被台本所束缚,也不会因为怕说错话而变得谨言慎行,因为她想做的不只是一个人形的念稿机器。董卿懂得率性的分寸,也会把率性当成是人与人沟通的关键道具。

2011年,董卿在主持《我要上春晚》这档节目时,韩红是嘉宾之一,董卿马上夸赞道:"我觉得,《我要上春晚》非常了不起,可以请来韩红。"说完这句话,董卿扬了扬眉毛,一边笑一边俏皮地强调:"还有啊,我觉得《我要上春晚》非常了不起,还能请来董卿当主持人。"话音刚落,董卿还像小女孩那样吐了吐舌头,现场的观众被董卿这种敢于自夸又有些卖萌的表现感染了，不由得跟着笑了出来。

一个优秀的人对自我进行肯定，这是再正常不过的事情了，但如果在自夸的时候"捧一踩一"，就是典型的自负加刻薄，这种"药劲十足"的率性并不会讨人喜欢，只会让大家认为你是一个目中无人的人。董卿在称赞韩红的时候，又称赞了自己，把率性的尺度拿捏得十分到位，让现场的气氛变得轻松、活跃起来。

有些女性，从小生活在充满关爱的家庭中，父母宠溺，身上难免带着一丝"公主气"，说话的时候不顾别人的感受却又不自知，如果别人提出意见，又会用"我这是真性情"来为自己开脱，或者用"我也是为你好"来反驳对方。这种行为在董卿看来是完全不必要的，她曾经提出一个观点：聪明的女人不会说"我这是为你好"。

率性和刻薄永远是不相关的存在，如果一个人对他人的好需要通过刻薄来体现，那么这种好不说是虚假的，至少也是打了折扣的，因为率性的本质是有涵养地展示真实的自我，是对个性的一种解放，但绝不是口无遮拦，以牺牲他人的感受来满足自己，对此董卿是深有体会的。

董卿的父亲董善祥其实就是一个有点刻薄的家长，他在教育女儿的过程中，付出的是真爱，但留给董卿的始终是"刀子嘴"。虽然在成年之后董卿认可了父亲的爱，但她在从业生涯中，时刻都告诫自己：可以直爽，不能莽撞；可以直接，但不能伤人。

无论是在央视，还是在其他舞台，董卿都是那个脑子和嘴反应都很快的主持人，但她从未说过伤害别人的话，因为她深知"说者无心，听者有意"的道理，即便你在主观上没有恶意，但客观上对他人造成的伤害也是不易消除的。作为主持人也好，作为女性也罢，都不能为了节目效果或者个性解放去给别人形成不好的感受，更不应该用各种借口去解释自己"心直口快"的行为。

率性是时代新女性的一张闪亮名片，它可以展示你勇敢做自己的锐气，但这种锐气不能变成戾气。你所说的每一个字都是这张名片上的简介，如果其中有一个字攻击了别人，那么在旁人看来，你所谓的"率性"只是一味放纵自己、不遵守基本社交法则的遮羞布而已。

率性，是一种面对世俗的勇敢，而不是以自我为中心的狂傲。

在董卿事业处于上升期的那几年，各种娱乐综艺节目十分火爆，很多主持人为了收视率，纷纷改变原有的风格，有的原本严肃的人去尝试搞笑，有的沉稳的人去尝试活泼，相比之下，端庄大方的董卿似乎比较保守，与当时那些热度很高的主持人的形象格格不入，于是董卿的领导和同事纷纷劝她也改变一下台风，让观众更好地记住她。然而，董卿坚定地表示："观众们正是因为你的与众不同而记住了你，要保持你的个人魅力。"此外，她还强调："只要把你身上最具特点的东西展示出来，就是你的个人风格。我的个性可能就是在于把知性和感性很好地融合在一起。"

董卿的话很有道理，无论是作为一名主持人，还是一位女性，首先要做好的是自己，保持原有的个性，而不是按照某个模板去活成别人的复制品。换句话说，人之所以能被他人记住、关注乃至喜爱，就是因为具备了属于自己的独特气质，这些都是宝贵的存在，不应该因世俗的风向变化去改变甚至是摧毁。

无论是端庄优雅的女人还是妩媚灵动的女人，她们都有各自的优点，都有值得被人关注与爱的特质，如果因为世俗而放弃了自我，这就是一种精神意义上的"自我毁灭"，而敢于反抗这种世俗化的观念，才是真正的率性。从这个角度看，率性更多的是保护自己不受伤害，而不是去伤害他人。你的独特个性本身并不会和他人产生冲突，你所要对抗的是那些吞噬你个性的世俗标准。

如果你被世界的某些不良存在所裹挟，请试着像董卿那样温柔而坚定地说一声"不"，用决绝的态度去捍卫你守护个性的权利，用清醒的头脑去审视随波逐流的盲目做法，保护自己，尊重他人，这种率性才会让你的人格绽放出迷人的光彩，让人们既惊叹于它的光芒，又不会因为过于刺眼而避之不及。

4 可以感性，但不矫情

台湾女作家张德芬曾说："女人最厉害的武器，就是温柔的坚持。"

一个内心强大的女人，并不会放弃温柔，一个温柔的女性，也不会用矫情来代替温柔。温柔是一种面对世界和他人的态度和方法，而矫情代表的是一种虚伪和做作。女性的可爱之处，在于她们的温柔和感性，她们能够和万事万物共情，容易理解他人的苦衷，善解人意。

只是，有些女性并没有正确区分感性和矫情的区别，在言谈举止中展示的不是女性特有的温柔，而是类似"公主病"的矫情。

矫情是一种无病呻吟的忸怩作态，它无法向外界展示一个女性对待世界的态度，反而更像是在表演一种刻意产生的情绪。比如，当一个女性目睹一只小狗遭遇车祸，上前救助时流下了心疼的眼泪，这是感性，是对生命的怜悯。而如果那只小狗没有遭遇车祸，仅仅是在路边发呆，这时，她如果搂着小狗一边流泪一边说："你是不是想妈妈了？"这就是矫情。

和感性相比，矫情感动的不是世界，而是自己，有时候甚至会无中生有一些悲情元素或者一种神经质的特性，超出了常人的理解范畴，让人难以适从。人之所以会有这种虚假的做派，往往和过去的经历有关。那些真正经历过生活磨砺的人，更懂得人世间的疾苦，所以才会对世界和他人温柔以待，但有些人从未品尝过人间疾苦，又想表现出一副和全世界共情的态度，就会用矫情来展示所谓的"感性"。

董卿就是从小经历生活锤炼的女性，她在父亲严格管教的环境中长大，她的青少年时代没有多少自由的空间，即便是放假也要进入社会去勤工俭学，从宾馆的清洁员到商场的售货员，董卿体验了很多不同行业的工作状态，也理解了他们的辛苦。正是这段时间的积累，让董卿更同情那些每天为了生活不断努力的人，在后来的工作中，用她的感性和温柔去抚慰他们的心灵。

在《中国诗词大会》第三季总决赛上，来自杭州的外卖小哥雷海为战胜北大硕士彭敏，最终逆袭登顶。这个结果出乎很多人的意料，身为主持人的董卿见证了雷海为一路走来的艰辛与付出，更了解他成功背后的坚持不懈。身为一个底层劳动者，雷海为在这个浮躁的社会中守住了初心，活成了自己想要成为的样子。于是，董卿用这样一番话肯定雷海为的成功："我觉得你所有在日晒雨淋当中奔波的辛苦，你所有偷偷地躲在书店里背下的诗句，在这一刻都绽放出了格外夺目的光彩。"随后她又说："你在读书上花的时间，都会在某一时刻给你回报。"

如果是一个只会煽情的主持人，想必会对雷海为说"你太辛苦了""你真的不容易""你让大家感动"之类的话，听上去似乎充满温柔和感性，但仔细品味就能发现，这种所谓的感性不过是矫情，是脱离了实际的空洞赞美，它们只是为了煽情而煽情，全然不在乎对方到底是如何一路走来的。相比之下，董卿的赞美才是感性的，没有过多地恭维，反而多了几分真诚。她没有天花乱坠地吹捧对方，而是从雷海为的个人经历出发，从自我激励的角度指出了他成功的根本原因是背后的默默付出，而这才是雷海为最想听到的话。

女人之所以感性，并不是因为她们软弱，而是因为她们具有敏锐的直觉，能够觉察到不易被人发现的那些痛楚。正如董卿对雷海为个人经历的解读一样，她理解的辛苦不是一个外卖小哥在风雨中穿梭的劳累，因为这个太过符号化，她看到的是雷海为对知识的渴求和对个人命运的抗争，而这才是他最终走向胜利的关键。

内心越是强大的女性，越能很好地把握感性的分量。她们在生活中体验过百折不回的那份坚韧，也品尝过逆流而上的那份勇猛，正是有了这种参照，她们才能在面对同样经受过苦难折磨的人时，表达最适合的安慰与体恤。相反，如果一个女人只愿意待在温室里，不敢和外界有过多的接触，不敢去掌控自己的命运，那么她对强大的理解必然是片面的，也就无法理解感性的温度是多少。

有些女性之所以让人觉得矫情，是因为她们喜欢刻意地为自己的语言"化妆"，以此来凸显自己的不同。但是在现实生活中，很多事情过犹不及，说话的确需要技巧，但不能为了"炫技"去讲让人无法理解的话，这就像是戏剧中浮夸的表演一样，让观众无法产生代入感，反而更加出戏。

感性而不矫情，就是一种柔而不伪的态度，柔是女性的温柔，伪是虚假的伪装。对董卿来说，她从来不会用伪装的方式和世界对话，也不会用伪装的话语去和别人沟通，她只会用最真诚的感性去表达心意。

董卿在采访演员王千源时，谈到他因为坚持要拍完一部没什么热度的剧而拒绝了《潜伏》这部后来火爆的剧。当时董卿很直接地问："所以，当时也会有人觉得你这个选择可能有点犯傻，是吗？"一个"犯傻"，没有任何修饰就说了出来，但这个用词并不刻薄，反而很像是朋友之间直言不讳地开玩笑。这才是一种真实的感性，让沟通的对象既没有被冒犯，也能与自己达成共识。

从董卿对嘉宾的采访中不难发现，她就是一个不矫情、不虚伪的人，她会关注你的内心世界，既不会在语言上伤害你，也不会为了无意义的矫情而说出肉麻的话，始终给人一种如沐春风的感觉。

我们在沟通中所展示出的感性，就是我们对世界的态度。当我们以感性来回应和探索世界时，我们的情感是真实的，我们的内心也是丰富的。当我们体会过人生的酸甜苦辣，在谈到别人的五味杂陈时就可以直抒胸臆，不需要用无谓的修饰语去装点，因为对方需要的恰恰是一种坦诚。

有些女性，因为错误理解了感性的真正含义，又不想表现出过于直白的性格，于是就以矫情的方式去面对世界和他人，以为只有这样才能体现出自己的独特性，结果在别人看来，这就是一种虚伪，是未经世事的表现。

人不会因为感性而真实，而是因为真实才感性，达到这个程度，恰恰是一个人走向成熟的标志。董卿体验过底层劳动者的辛酸，所以她才能理解雷海为背后的付出，知道他所需要的肯定；董卿自己也做过重要的人生抉择，所以她才能理解王千源拒绝《潜伏》之后的遗憾。正是有了这些丰富的人生体验，董卿才能始终以过来人的身份去理解他人的内心世界，她不要经过修饰的语言，因为她能够真正和对方产生共鸣。

一个感性而不矫情的女人，人们不仅能感受到她带给世界的暖意，更能隐隐察觉出背后的强大和自信。人们愿意和这样的女性相处，她们不会因为一点小事而情绪失控，更不会无中生有地产生别人无法理解的情绪。她们经历过、奋斗过、失败过、重来过，所以她们才最接近生命的本真状态。这种靠近灵魂的接触和对话让她们不需要过多的思考和代入，只要从过往中抽取一个片段即可唤起并表现出不假思索的感性，而这种感性往往散发出一种温柔的气息，也凝聚着一种沉稳的自信。

给自己最可靠的安全感

作家毕淑敏说:"一个有安全感的人,就像一颗悬挂在天空中的小小恒星,会自动持续发出温煦的光芒,既照亮自己也照亮他人。让这个世界多一点和暖,多一点光明。"

人生的终极目标是什么?或许每个人都有不同的看法,不过有一点应该是统一的,那就是安全感的获得。只有获得了安全感,才谈得上幸福感以及更高层次的自我实现。安全感究竟是什么,又是谁给的呢?关于这些问题,或许没有统一的答案。

当今很多网络上的文章都会有意强调"女孩子缺乏安全感"这一类的观点,特别是关于两性关系的话题,一些女生会强调"男友给不了自己安全感"云云。诚然,一个缺乏责任感和上进心的男友,的确不会给对方足够的安全感,但这种安全感只是外在的,女性真正要获得的是来自内心的安全感。

原因很简单,你可以不谈恋爱,也可以少参与社交,从外部隔绝那些不能给你安全感的人，但你隔绝不了自己。而来自内部的安全感是由你自己提供的，它并不会因为外面的人给你足够的安全感就变得无足轻重，它的存在与否能够决定一个女人内心真正的安全感。

董卿从主持《中国诗词大会》再到主持《朗读者》，又一次完成了华丽的转身，这对于事业型女性来说是很大的挑战，因为进入陌生的领域，天然就会缺乏安全感。有人向董卿提及"安全感"这个词，董卿是这样解释的："你永远记住，靠谁都不如靠自己。这是最安全的。"

对董卿来说，孤身一人闯荡社会，每天都要面对"安全感"这个词，这包括职业转换时的安全感，包括身在异地的安全感，包括构建新的人际关系的安全感……可以说，董卿要面对的这类问题多于很多女性，但董卿并没有因此产生严重的焦虑，因为她深知所有的安全感都是靠自己努力得来的。

有的女性之所以缺乏安全感，其实是不想主动去创造安全感。安全感的获得不是一个心态转换的过程，而是一个需要付出切实努力的过程。以董卿为例，人们能看到她光鲜亮丽的外表，却很少能看到她背后的努力付出。董卿可以为了工作从早上七点一直忙碌到深夜，她也可以因为一个微不足道的小失误坐着反省半天，她还可以为了一份自己热爱的工作坚持20多年……这些艰难的付出让她被观众喜欢，这才铸就了包裹着董卿的安全感。

女人是感性的，她们很在乎来自外部世界的反馈，所以很多人在谈到男女思维差异时会说：女性的交流更关注对方的态度而非内容，而男性往往只是为了商量出一个结果。其实，女性不必被自己的感性和直觉所绑架，因为外界的态度并没有那么重要，重要的是你的心态。比如，在两性关系中，有的男性不擅长用语言去表达，但是能够把事情做好，这时就不必太过在意对方说了什么，只要你自己心中有数就足够了。

换个角度看，安全感也是一个抽象的东西，有的人认为赚到足够的钱才有安全感，可"足够"到底是多少呢？即便你给出一个明确的数字，你在拥有这笔钱之后，就能真的高枕无忧了吗？或许那时候，你看到的是赚钱比你更多的人，或许你会因为物价上涨等金融因素而追求更多的钱……如此循环往复，你可能永远都难以获得安全感。

董卿的成名之路走得异常艰辛，她从浙江有线电视台到上海东方电视台再到中央电视台，前前后后经历了差不多10年的积累，而这10年中，她品尝到的酸甜苦辣，远比一般人在职场中所感受到的要多得多。但董卿坚持下来了，她用努力给自己构筑了一个坚硬的外壳，让人们不敢轻视她的实力，这就是她为自己打造的安全感。

很多和董卿合作过的人都认为，董卿除了拥有端庄美丽的外表和随机应变的主持功底之外，她还拥有一个最突出的特质，那就是敢于拼命。的确，这个世界上没有天才，即便董卿有一些禀赋，但与其他同样具备天赋的主持人相比，这些优势并不足以让她成为佼佼者。如果她就此停滞不前，必然会时刻感受到巨大的压力，这时候再去抱怨没有安全感，责任真的只能由自己来承担了。

世界上并没有真正意义上的天才，因为天才也需要后天的推动，不可能仅凭一份禀赋就能"躺赢"到终点。董卿也相信做主持人没有捷径，唯一的路径就是不断努力，把所有该准备的东西都准备好，把能够预料到的因素都考虑进去，这样才能为自己打拼出一片天地，而这正是她事业成功的法宝。

对成功者艳羡是正常的，但一些人在了解了别人的精彩人生之后，一回到自己的世界，就不愿付出努力，为了给自己的不思进取找借口，还会主观地认定社会是残酷的，人心是险恶的。如果抱着这种态度，即便你遇到温暖的人和事，也只愿意相信那是特例，对自己的人生毫无益处。

与此同时，有些女性缺乏安全感，未必是不愿努力，而是她们更看重社会关系，认为女人应该有一个忠诚于自己的爱人，应该有一个温馨的家庭，所以将努力的终点放在构建这些关系上。这种观念并不是错误的，但问题在于，人的精力是有限的，当你放弃了经营自己的人生，就是把赌注都押在了别人身上。而人心是很难预测的，你可能会遇到一个和自己相伴一生的爱人或者朋友，但也可能遇到一个渣男或者毒闺蜜，这些并不由你自己来掌控。既然变数如此之大，那么为什么不将有限的精力投入到自己的事业上呢？这样即便你遭遇了一次背叛，仍然有可以退守的世界，因为你始终没有放弃经营自己的人生。

有人说过："一只站在树上的鸟儿，从来不会害怕树枝断裂，因为它相信的不是树枝，而是它自己的翅膀。"唯有实力强大，才能内心强大。

有些路注定只能自己去走，这并非因为没人陪伴你，而是因为没人可以替代你，你总要自己到达终点。那些总是觉得缺少安全感的女性，往往在意的是自己"需要什么"，而不是"应该具备什么"。甚至有的女性明明生活在安全的世界里，却会有意无意地放大自己的焦虑和空虚，因为她们害怕的不是没有安全感，而是孤独。

孤独和安全感并非对立的。这里所说的孤独产生于默默提升自己的过程，而这个过程外人是无法参与进来的。但只有持续经历这样的阶段，一个人才能更好地提升自我。正如董卿所说："可能大家都觉得我做得挺好了，但是我还是会出现一些自卑的情绪。我要比别人做得好很多很多，我才会觉得踏实。如果我跟别人差不多，或者好那么一丁点，我就会很没有安全感。所以我要付出很多很多，我要拿命去搏，把事情做好，才会让我很踏实，让我有安全感。"

既然董卿都要豁出命地去拼搏，为自己创造安全感，那么我们又有什么理由不努力呢？

安全感永远只属于自己，它只能由你自己去获得。我们很多人可能都经历过缺少安全感的时刻，但归根结底，问题的症结在于自己，只是你为了逃避责任将原因推到了别人身上。当一个人不能踏实地把握当下的生活，不能明确地为自己规划未来时，自然无法体会到安全感。

当你焦虑不安的时候，不要幻想着寻找一个避风港来保全自己，而是应该勇敢地走出去，用自己的双腿和双手打造一个属于自己的安全空间，也只有在这个空间里，你才能拥有属于自己的世界和属于自己的安全感。

6 懂分寸，知进退

有人说，人生的智慧仅在于这六个字："懂分寸，知进退。"此话何解？

人因为有了欲望，才有了奋斗的动力。而欲望本身也是一个中性词，它可以是单纯的对信仰的追求，也可以是对名利的追逐。没有欲望的人，虽然会不争不抢，但也不会对自己乃至世界产生任何改变的力量。然而，欲望本身具有两面性，它既可以让一个人努力地去做某件事，也可以让一个人狂热地追求某样东西，而后者就是欲望过于强烈所导致的极端状态。因此，要想让欲望被控制在一个合理的、不会伤及自己乃至其他人的范围内，人就要懂得掌握分寸。

对女性来说，懂得如何调整欲望的尺度很重要。因为女性在社会上容易成为弱势群体，所以女性的不安全感往往要强于男性，这就决定了她们可能想要更多的东西。当然这些并不局限于物质层面，还包括精神层面。比如在择偶方面，她们需要一个能够关爱自己、又有事业心的伴侣，而如果掌握不好分寸，她们可能会对伴侣的要求不断增多：既要在事业上小有成就，又要在生活上无微不至；既要有男性魅力，又能忠诚专一……可想而知，能够达标的男性并不多。

不懂得分寸，就容易被欲望吞噬，使欲望失去了原有的助推作用，反而变成了一种能够腐蚀内心的有害思想。所以，一些长辈才会苦口婆心地告诫年轻人：做人不能太贪心。

懂分寸，知进退，这是一个人做事应有的准则，而董卿就很好地恪守了这个准则。董卿曾经在《欢乐中国行》中来了一次串场表演，收获了观众的掌声，后来还在央视的舞蹈比赛中跳了一段舞，让现场观众沸腾，人们这才发现原来董卿也是能歌善舞的女性。于是，也有不少人表示希望董卿尝试一下跨界。

成为一个全能型的主持人，这听起来十分诱人，如今也有不少人是这么做的，因为涉足的领域越多，意味着机会也就越多，获得的回报也更多。但是董卿能够抵挡住这种诱惑，这倒不是因为她对自己在其他方面的能力不自信，而是她深知自己的定位——我是一名主持人。为此，董卿曾经旗帜鲜明地表示：她所做的串场表演不过是主持的延伸，本质上还是在做主持人该做的事情，而她自己也没有涉足多个领域的想法，因为她认为自己目前的空间已经足够大了。

显然，没有一定的修养和境界，是很难说出董卿这样的话的。如今有一些女性充满着表现欲，想要展示自己的多面性，这个出发点很好，但问题在于她们不能很好地协调多个领域，使其和谐相处。人的精力是有限的，你拿走一个小时去练习舞蹈，就少了一个小时去背主持台本，这就是董卿所说的"空间"。

"空间"听起来是一个有些抽象的概念，其实可以把它理解为属于每个人最根本的阵地，这个阵地是需要用尽一生的力量去守护的，所以董卿才感慨地说道："做人不能太贪心。我从不否认自己幸运，我只是幸运地找到了自己喜欢的工作，并得到了认可。"显然，董卿只想做好自己的本职工作，并不想成为一个全才。

当然，调和欲望并非压抑欲望，因为合理的欲望有助于我们进步和成长，这并非贪心的表现，而是懂得认清形势而进行的正确选择。

当年，董卿在主持《相约星期六》以后，越来越多的人开始关注她，她很快就成为明星级的主持人，哪怕是出门买东西，也会被路人认出来，有些人主动要来参加节目录制，就是为了一睹她的真容。然而，就在事业蒸蒸日上的时候，董卿果断地选择了以退为进。

1999年，此时的董卿已经拿到上海戏剧学院的毕业证书，她果断放弃了上海东方电视台文艺部令人羡慕的职位，进入了刚成立的上海卫视。这个举动让很多人不解，因为上海卫视刚成立的时候，收视率很低，而且当时电视台给董卿安排的工作是串联节目：把各个地方台的节目进行组合和串编，每天上班就是报个到，剩下的时间几乎都是空闲的。对于一个主持人来说，没有节目是最可怕的，因为观众很快会把你遗忘。但是董卿并没有因此着急，因为她知道这个"低调"的阶段只是暂时的，她不能总盼着每个职业阶段都能冲在最前面，只要把握好分寸，她在未来依然有发光的时刻。

董卿的预判没有错，到了2000年的时候，上海卫视经过一番改革之后步入正轨，收视率和口碑都上来了。此时的董卿也多次得到重用，主持了多档节目和大型综艺晚会，其中有《新上海游记》《海风伴我行》以及各种音乐会等，这些节目或是向观众展示上海日新月异的变化，或是将国外的人文景观展示给国内的观众，而董卿则起到了重要的纽带作用，特别是她流利的英语口语给观众留下深刻的印象。

　　2001年，董卿凭借在音乐会上的出色表现，夺取了当年中国播音主持界的最高奖项——第五届全国广播电视节目主持人"金话筒"奖。对此，董卿充满感激地表示："当时觉得很意外，后来到北京认识了评委，才知道那一次虽然大家都不认识我是谁，却是全票通过当选的。我真的很感谢那一届的评委。"

　　董卿能够抱着感恩之心，当然难能可贵，但如果真的要说感谢，恐怕还是应该感谢她自己。如果董卿在那段空闲的日子里不能预见未来，一味地要求曝光率，那么她很可能就无法在上海卫视继续立足，因为她不懂得知进退的重要性，太过放纵自己的欲望。所幸董卿是一个清醒且有自制力的人，她知道人生如果不经过一段"闲置期"，是很难拥有高光时刻的。

　　为什么生活中有些女性总是处于焦虑状态？因为她们不懂得认清自己，看到有女同学嫁入豪门就羡慕，看到有女同事升职加薪也会抱怨自己怀才不遇。其实，这些人的成功要么是实力到位，要么是运气使然，如果你自己不够努力，又不够幸运，那么为什么要用别人的标准来要求自己呢？这就是不懂得控制欲望的分寸所带来的苦恼。

作为女性，缺乏安全感可以理解，想要维护面子也无可厚非，但如果贪心太大，不知道什么时候该收敛、什么时候该张扬，就会打乱自己的人生节奏，最后什么都抓不到手中。正如董卿在"闲置期"那样，当时她和其他主持人相比，肯定是一个被遗忘的人，但她知道自己的能力，也能看到未来的光明前景，那么此时此刻的平淡又有什么可焦虑的呢？相反，董卿在这个时期大量地阅读，从书本中吸取前人的智慧，同时沉淀内心，让自己的格局变得更加开阔，她甚至报考了华东师范大学，进入中文系古典文学专业攻读硕士研究生，同时潜心精进英语。有了这些铺垫，她才能在后来的中外文化交流的活动现场表现出色。

董卿在第四季《中国诗词大会》中，对年轻人表达了这样的观点：如今是一个挑战和机遇并存的时代，每个人都渴望能够认识求贤若渴的伯乐，但反过来看，我们首先要成为一个敢于探索的千里马，而不是坐等伯乐上门。

成为千里马的前提就是要调和欲望，不要在自己羽翼未丰之际，就渴望着被贵人看重，然后平步青云，这种脱离现实的欲望只能让自己好高骛远。特别是对于一些养尊处优的女性来说，千万不可高看自己，要像董卿那样保持足够的理智和清醒，了解自己所处的人生阶段，认识自己存在的不足。只有给自己一个清晰的定位，才会让欲望合理地引导自己探索下阶段的人生。

托尔斯泰说过："欲望越小，人生就越幸福。"的确，这个世界上有很多诱惑，也许是物质的，也许是精神的，在法律和道德允许的情况下，去追求这些诱惑并不是罪过，但会让我们的内心变得复杂。而真正的幸福往往是单纯的，不该掺杂太多的东西，否则即便你满足了多个欲望，也会有新的欲望诞生，这种无穷无尽的贪心终究会拖垮你的人生。所以我们需要把欲望调节到一个与能力相平衡的尺度上，用合理的渴求搭配适当的满足，这样才能让生活变得更加纯粹，让人生变得更加绚烂。

第四章
打败岁月的是才情

1　内心诗意丰沛

每个女人都如同一首诗，区别在于有的婉约，有的豪放；有的朦胧，有的写实。这些不同的诗意其实就是她们个性特质的外溢，这不是一种刻意的伪装，而是历经岁月打磨之后的自然流露。

人们常用"诗和远方"形容遥远的理想生活，其实这不是一种空想，而是对生活热切的希望，无数美好现实都是从虚构开始的：先有了设计图，才有了万丈高楼；先有了创业计划，才有了上市公司。一个女人心中的诗意，就是对未来真诚而执着的向往。

诗意不是虚幻的存在，如果一个女性拒绝诗意，就是拒绝了对未来人生的谋划。女性可以不成为一个倾国倾城的女子，但一定要在心里为诗意和才情保留足够的空间，这样才能塑造内心的美丽和坚韧，成为一个内涵丰富且深刻的成熟女子。

诗意对一个人来说意味着什么？那就是不要太功利。诚然，有些女性因为生活所迫，每天思考的都是如何安身立命，这无可厚非，但如果一个人心心念念的只是赚钱养活自己，却从未关注过气质和修养上的提升，那么未来的人生也很难有大的发展空间。

董卿是一名优秀的主持人，主持技能是她安身立命的资本，但是董卿并没有因此放弃孕育心中的诗意。她从小就是一个多才多艺的女孩，长大了，董卿依然守护着这些优秀特质，让它们在合适的时候绽放光彩。于是，在董卿主持的各类综艺节目中，我们总能看到她或者演唱或者跳舞，甚至还出演过小品，她的多才多艺征服了许多的观众，让她成为各种大型晚会中不可或缺的角色。

英国前首相撒切尔夫人说过："一个优秀的女人，往往不会将自己局限在某个领域里，她们总是在各个领域同样出彩。"其实，这里所说的"各个领域"并不仅仅是指能够为你创造财富或者其他现实价值的领域，因为带着功利性和目的性去拓展而来的才能，是无法和你内在的气质相匹配的，这样的诗意也是虚假的诗意。

董卿喜欢琴棋书画，这些技能并未直接为她创造财富，但是只要有机会展示这些才能，董卿都会让大家眼前一亮。有了这些额外技能的加持，董卿主持的节目就增添了很多亮点，最终推动了她的主持人生涯走向成功的顶点。

内心充盈着诗意的女人会更淡然地面对名与利。因为此时的你是在用平和的心态去追求，不会急功近利，不会忙中出错，反而能够踏踏实实地慢慢深耕，修炼出一种由内向外的独特气质。

董卿在主持《欢乐中国行》这档节目时，由她担任主唱，负责演唱节目主题曲。伴随着董卿的歌声，观众们能够更有代入感地融入这档节目中，而董卿也因为了解节目的内涵而演唱得韵味十足。如果董卿的才能只局限于主持，那么她在节目中对观众的影响力会变弱很多，因为一个内心没有诗意的女人自然会缺少活力和感染力。

越有诗意，一个女性就越有吸引力，人们会渴望去了解她。董卿爱好书法，曾经在不少公开场合泼墨挥毫，人们由此欣赏到了她身上的才气，也对她有了进一步的了解，因为见字如见人，董卿的字就像她的做人风格一样沉稳内敛。

有些女性懂得诗意生活的魅力所在，却还是习惯将自己困在柴米油盐之中，认为自己过不了那种诗意的生活。其实，诗意和现实不是对立的，一个忙于家庭事务的女性同样可以诗意地生活，关键在于她在内心深处是否愿意留出一片净土。事实上，不管你读过什么样的书，写过什么样的字，最终都会融入你的气质中，它不能直接回报给你什么，却能在你和他人交往时不由自主地散发出来，成为你独特的个人魅力，甚至在世界为难你的时候，成为你最有力的助手。

有一次，董卿参加一个现场活动，由于嘉宾有事耽误了，观众足足等了20多分钟，眼看着现场就要失控，董卿为了圆场，就即兴为观众唱了一首《但愿人长久》。尽管董卿不是专业歌手，但她对音乐的热爱和理解让她的歌声同样动听美妙，深深地打动了现场观众。

这就是董卿心中的诗意，听起来虚幻缥缈，却在需要的时候助她一臂之力。如果一个人只愿意学习职业范围内的知识，可以称得上是优秀，但这种优秀的展示舞台就会非常狭窄。因为一旦离开你熟悉的领域，你就失去了原有的光芒。从这个角度看，诗意地生活不是矫情，反而可以给一个人更多闪亮的标签，它们会在无形中提升一个人的价值。

如今有些女性太过看重表面的价值，把主要精力用在美容、美体这些事情上，这当然没有错，但不该为此耗费过多的精力和金钱，而是应该留出一部分时间和精力去经营内心，拓展自己的视野，提升自身的品位，这样才能做到内外兼修，而不是一个容貌姣好、张口却是粗鄙之语的女性。

人们常说董卿的魅力很独特，这种独特让喜欢董卿的观众超越了性别、年龄和地域的限制，几乎看过她主持的节目都会对她产生好感。除了董卿自身的优秀职业素养之外，这在很大程度要归功于她时刻流露出的诗意气质。在董卿身上，我们既能够看到京派的醇厚与沉淀，又能看到海派的精致与风雅，二者看似矛盾，却珠联璧合地在董卿身上完美地体现出来，这就是因为董卿内心的诗意发挥了黏合剂的作用。因为揣着诗意行动，董卿在杭州、上海、北京这些城市中汲取了丰富的人文精华，这些精华时刻都在浸润着她的性情，滋养着她的精神，最终让她表现出一种独有的气场和风度。

有诗意的女人，不仅会变得气质优雅，也会更有弹性，在面对挫折时，能够保持乐观，因为她们的世界里永远是现实和诗意并存的：在现实世界中失意了，会在诗意的世界中寻求庇护和安慰。董卿经历过的人生挑战，最终都是依靠自己破局的，孤独的她依靠的正是心中对诗意生活的向往和坚守。

2002年，此时的董卿已经29岁了，她孤身一人前往北京，进入中央电视台西部频道工作。离开上海前，董卿独自一个人开着车行驶在灯火阑珊的街道上，凡是看到的角落，都是满心的不舍，毕竟车窗外是她看了七年的熟悉风景，她其实想要守在父母身边陪伴他们，但她又不能放弃对诗和远方的追寻。经过一番伤感的告别之后，董卿毅然决然地去了北京。那里是陌生的,那里是未知的,但董卿不怕从零开始,因为那里有新的诗篇。

保持诗意的心态,会让我们的精神世界历久弥新。无论我们在现实中遭遇何种困难,我们都不会轻易被击倒,因为我们口中念着诗句,望向的是充满光明的未来,自然就有了无穷的战斗力。反而是缺少诗意的人,才会更容易向现实投降,因为他们早已断绝了对未来的想象。

2　读书让生命丰盈

法国作家罗曼·罗兰曾说:"和书籍生活在一起,永远不会叹息。"他说这番话的对象正是女人。

为何罗曼·罗兰会规劝女人要好好读书呢?因为大多数女性天生多愁善感,对外界事物变化的感知能力很强,因此比男性更容易产生情绪上的波动。当然,这种波动让女性更有共情力和理解力,但也会让女性受到负面信息的干扰。在这样的情绪机制下,解决问题的最好办法不是让女性变得不敏感,而是将这种情绪带入到书籍当中。

书是人最好的朋友,它永远不会抛弃你。有书陪伴,女性既能够从中汲取到源源不断的知识和力量，也能让波动的情绪找到一个可以释放的地方。因为人在阅读的时候会思考，会联想，会试图解决问题，这些就能分散注意力，把精力集中在一个更具有现实性的事物上，而非过多消耗在情绪上。

阅读会让女性变得强大，这种强大是精神世界的强大，这样，她们才不会被传统观念所裹挟，也会具备打破性别歧视的意识和能力。

董卿是一个酷爱阅读的人，她对书籍的喜爱已经不能单纯地理解为一种爱好，而是一种融入生命中的存在，而这一切和父亲的教育密不可分。董卿的学前时光是在外婆家度过的，到了7岁的时候，父母把董卿接到了淮北上小学，从那时开始，董卿就感受到了父亲严苛的教育理念，她是这样描述的："我的父亲对我，真的特别、特别、特别严苛。"

这种严苛到了什么样的程度呢？董卿小时候很喜欢看连环画，因为单一的文字对小孩子来说，实在太枯燥了，然而父亲却认为这种充满图画的书没有多少价值，并不鼓励董卿去看，如果非要看的话，就要把故事中的成语都抄下来。为了能够继续看连环画，董卿只能硬着头皮去抄写上面的成语，但那时的董卿刚学习写字，没有读过多少成语，有一次就把"回维也纳"当成成语抄了下来。

在那段时光里，董卿最不喜欢的就是吃饭，虽然一家三口相聚的时间很短，但是父亲一定会借着吃饭的工夫对董卿进行教育，弄得董卿常常是一边吃饭一边哭。所以，董卿最欢乐的时光是父亲出差，那就意味着暂时没有人管她了。

父亲的严厉管教，让董卿和读书形成了一种微妙的关系：一方面，董卿是发自内心地喜欢阅读;另一方面,阅读也是父亲布置给她的任务,而且随着年龄的增长,任务会越来越沉重。

董卿接受的第一个挑战就是背诵古诗词,在董善祥看来,中华文化博大精深,而诗词就是五千年文化的灵魂,让董卿背诵诗词既能够培养她的文化素养,也可以让她在学习的过程中建立语感和审美。

当初董善祥的严厉教育,让董卿在背诵诗词的过程中掌握了中华语言的精髓,她的侃侃而谈,她的妙语连珠,都是在和那些诗词书籍相依相伴的时光中慢慢培养起来的。毕竟只要畅游在书籍的海洋里,哪怕对某些诗句不能很快理解,但只要天天耳濡目染,它们总能缓慢地沉淀于内心,最后转化为一种气质和精神。

董卿身上的端庄、秀丽和细腻,都和中华诗词的内核十分相像,所以当董卿出现在《中国诗词大会》的舞台上时,不少人立刻发现,董卿就是为这个舞台而生的,她所具备的知识和气质都完全符合这档节目。人们深有感触地说:"原来你是这样的董卿。""这样的董卿"是什么样的呢?她是一个集齐了优雅、知性和内涵的主持人。

上中学以后,董卿每三五天都会阅读一本名著。一到寒暑假的时候,母亲还会给她开列书单,上面基本都是《红楼梦》《基督山伯爵》《简·爱》《茶花女》等国内外名著。董卿有时候阅读得很快,母亲还担心她走马观花地看书,于是就会找出名著中的某个章节让董卿罗列出其中的人物关系,而博闻强识的董卿每次都能对答如流,还能够根据自己的了解讲出一些独特的观点,让母亲感到很欣慰。

对董卿而言,这种教育方式能够更好地让她意识到阅读的重要性,会让她努力吸取书中的营养成分来充实自己。多年以后,董卿有一次在《朗读者》的节目中说了这样一番话:"好多人都说四大名著百看不厌的是《红楼梦》,因为往浅了读是一个院子里的儿女情长,往深了读是一个朝代的盛衰兴亡,所以每每读罢,掩卷长叹,也只有 4 个字可以感叹——真有味道。"

女性生来的多愁善感,如果一味地放在现实中发泄,可能会让身边的人厌烦,所以董卿用读书去释放,她说:"我第一次看书哭是看《茶花女》;我最喜欢的是《安娜·卡列尼娜》;一直在读的是《红楼梦》,每个阶段看都有不同的观感;我最喜欢的作家是茨威格,他写女人的情感很细腻,我觉得他和欧·亨利有一拼,永远都以出人意料的结局感染读者。"

多读一些书,读一些好书,这些都会改变女性的气质,让女性保持深藏于内心的一份淡定和外在的自信与美丽。在如今这个人心浮躁的年代,愿意沉下心阅读的人越来越少,很多人只是为了通过考试才去触碰书籍,还有一部分人虽然喜欢阅读,却只喜欢看缺乏内涵的书籍。这样的阅读习惯不会真正让一个人由内向外地提升气质,尤其是对于女性来说,失去了一个原本可以忠诚陪伴自己的精神向导。于是,一些女性在没有书籍的引导下,被少数无良的自媒体带上歧路,吸收了一些偏激、片面的信息,甚至把谣言当成现实,不仅在思想上受到了侵害,三观也被严重影响。

当一些女性称赞董卿"腹有诗书气自华"时,或许她们也想成为董卿一样的女子,却又不知从何下手。其实,董卿今天展示给人们的才气,都是从童年时代就开始慢慢积累的,每一本书、每一行字,都成为她日后满腹才情的构成之物,那不是一蹴而就的,而是如同一条条小河汇入江海那样缓慢积累的。

董卿曾经说过,主持人的定位应该是文人,而不是演员,一名主持人如果没有阅读习惯,就像没吃饱饭一样,精神永远处于饥饿和空虚的状态。的确如此,那些水平和董卿不在一个段位的主持人,只能将事先准备好的台词按部就班地说出来,一旦进入现场发挥环节,就会原形毕露。这是因为他们缺乏人文积累,而董卿则不然,她是真的把读书当成了像吃饭一样重要的存在。她坚定地表示:"我始终相信我读过的所有书都不会白读,它总会在未来的某一个场合帮助我表现得更出色。读书是可以给人力量的,它更能给人快乐。"

阅读不仅让董卿的主持事业有了更广阔的发展空间,也让她在待人接物的时候谈吐得体,她表示自己在舞台上的一言一行都离不开读书,所以她才说:"假如我几天不读书,我会感觉像一个人几天不洗澡那样难受。"

有些人不愿意去阅读,是因为觉得读书要耗费大量的时间,而自己每天忙于工作,实在没空。可从早忙到晚的董卿仍然会保证每天一个小时的阅读时间,她说:"阅读是我睡前的必修课。我必须有自己的空间。我养成了自己的作息规律。每天都是十一二点才结束工作回家,然后上网浏览新闻,大事小事,轶闻趣谈。到了一两点,心静下来,便是我的阅读时间,总有一两个小时,而睡觉的时间就要到凌晨三四点,这是我的生物钟。"

只有先对读书产生发自内心的爱,才会愿意为它挤出时间。不要把阅读当成一种投资,它可能不会给你任何回报,而是要把阅读当成是一种习惯,深深地镌刻在生命里。

曾经有人问董卿，如果让她只带三件东西在荒岛上生存，会带什么？董卿回答：一是书；二是一粒种子，"在上面生根发芽，让我看到希望存在"；三是男人，"带一个爱人过去，生活中不能没有这些"。董卿把书放在第一位，可见阅读在她心中的分量，有了这样的重要地位，她才愿意在百忙之中抽出时间与书籍相伴。

董卿将这个阅读习惯年复一年地保持着，正如人们所说：读书如同远行。有的人草草看过几本书之后，发现似乎并没有多大改变，原因就在于他们只拿着书走出几步就放下了，这种连短途旅行都算不上的"相伴"，如何让你身上染上书卷气呢？董卿将爱好变成了习惯，她不会将其割舍，她说："古典文学里有中国文化的精髓，有取之不尽、用之不竭的知识宝藏，学习古典文化就犹如站在巨人的肩膀之上，在那里，你可以望得更远。"这就是读书的魅力所在，董卿用半生去坚持和证明了它的意义所在。

三毛曾说："读书多了，容颜自然改变，许多时候，自己可能以为许多看过的书籍都成过眼烟云，不复记忆，其实它们仍是潜在气质里、在谈吐上、在胸襟的无涯，当然也可能显露在生活和文字中。"

内心丰富的女人，大多是博览群书的，因为只有阅读，才会赐给她们独立的思想和见解。虽然她们未必是国色天香，但她们比一般女性更睿智和豁达，能够精准地洞察世界，还能从容地面对生活。她们是那种感性不张扬、优雅不做作的才情女子，用良好的文化素质和高雅的举手投足，征服每一个与其相遇的人，最终收获丰盛的人生。

3 信手拈来更从容

台上一分钟，台下十年功。

很多人都羡慕那些能够在人前显露一手的能人，羡慕他们被人肯定时的自信，羡慕他们登堂入室后的自豪，却很少有人想着成为和他们一样的人。原因很简单，大家都知道背后付出的辛苦，这种辛苦不是普通人能够承受得了的，需要有一颗强大的心脏和坚忍的意志来支撑。

遇到困难就退缩，这不是积极面对人生的态度，那种信手拈来的从容，原本你也可以具备，你也可以成为别人艳羡的对象，为什么要放弃修炼这种从容呢？

人们常常羡慕那些优雅的女性，她们谈吐不俗、举止端庄，殊不知这些优秀的特质并非浑然天成，都是后天慢慢养成的。既然她们没有在起跑线上甩开你，同样身为女性，你为什么不成为人群中最耀眼的那个呢？相信没有谁愿意在别人的光环下生活，芳华绝代并非别人的定制剧本，同样可能成为你的人生标签。

从容和淡定，不只是源于良好的心态，更重要的是源于日积月累的沉淀。

在某一年的中秋晚会上，进入现场环节以后，需要台上的主持人说几句有关月亮的古诗词，不少主持人因为没有准备而乱了阵脚，只有董卿信手拈来。这不是因为她提前做好了准备，而是因为她对中国古诗词早已烂熟于心，后来董卿主持的《中国诗词大会》和《朗读者》充分证明了她在这方面的优势。

在《中国诗词大会》的舞台上，董卿的知性美让其大放异彩，观众不仅惊叹于她高超的语言表达能力，更被她丰富且扎实的知识储备惊呆了。她随口就能说出名言警句和诗词歌赋，甚至对一些外国诗歌也能信手拈来，而且每一次都使用得当、恰到好处，说到感性之处，还会让观众不由自主地落泪，自发地鼓起掌来。

有些人觉得，现在的主持人很好当，有提词器，还有导播可以随时切换镜头，一般也不会出现严重的失误，但能够像董卿这样以丰富的知识储备来随机应变的主持人，绝不是几个晚上苦熬恶补就能练出来的。董卿从小就抄写和背诵故事，这是一种刻在骨子里的"童子功"，是经历了无数个日日夜夜所换来的成果，这个漫长的积累过程让董卿不惧任何考验知识水平的场合。

不少和董卿共过事的人都说，她是一位少有的表里如一的主持人，无论是站在舞台上，还是在生活中，她永远都会表现得落落大方，谁和她接触都会感到如沐春风。不夸张地讲，在董卿身上，人们能够感受到一种聚集多年的力量散发出来，这种力量包含着她不服输的精神，也包含着她丰富的文化底蕴。

董卿能够做到如此的淡定从容，源于她骨子里的书香气。

如今的世界，有很多美化外在的方法，上到整容美容，下到美颜滤镜，这些都可以改变女性的外在形象，然而女性自身的谈吐和气质却是需要时间的沉淀才能换来的，这种长期的酝酿和深耕才能造就信手拈来的镇定自若。这个过程，就像是珍珠在贝壳中缓慢成形并最终光芒四射一样。

古典诗词是中华文化宝库中最精髓的存在，只用寥寥数语就能勾勒出一个精美绝伦的场景，而喜欢古诗词并且能够信手拈来的女性，也就具备了一种别样的韵味和风情，董卿就是最好的例证。难怪看过《中国诗词大会》的观众给董卿送上这样的评价："腹有诗书气自华，最美不过董卿。"

经常有人说，似乎看不出董卿随着岁月而老去，她总能保持一种年轻感。其实细细品味之后，董卿那顾目流盼中藏着的不只是岁月不败美人的真谛，还书写着她一路走过来的从容淡定，而这份淡定和她的文化底蕴是分不开的。因此，当有人问董卿是如何永葆青春的，她回答说："女人外表的美都是短暂的，唯有用知识和涵养修饰自己，才能美丽一生。"

"美人当以玉为骨，雪为肤，芙蓉为面，杨柳为姿。"这是网友对董卿最美妙的描述。如果你只停留在文字表面，似乎只能看到一个天生丽质的女子自带的优越感，但其实这种姿容俏丽绝非源于五官，而是和董卿内心的才情密切相关。有了才情的女人，才会在待人接物时更加得体大方，才会在面对问题时气定神闲，因为她们已经将时间留存的文化修养融入一颦一笑之中，这种姿容当然更高级，也更富有魅力。

当一些女性在焦虑如何变得气质更脱俗时，董卿在坚持每天抽出一小时去阅读，继续充实她的知识宝库，这种人后的默默付出才是对内心的"美容"，它让董卿在节目中落落大方地展示才华，让观众看到一个穿越时光而来的古典美女，引着大家徜徉在浩瀚无边的诗海词洋之中，闭上双眼就能嗅到一阵芬芳。

《中国诗词大会》的一期节目与乡愁有关，董卿临场发挥，忽然谈起了杜甫的一首诗："其中有两句是这样的，'露从今夜白，月是故乡明'。我们每个人都有自己的故乡，有自己的乡愁，也都有值得追忆和怀念的地方。"虽然只有简短的几句话，却展示出董卿对古诗词的理解能力。单纯的背诵不难，难的是在合适的地方引用，这才能体现主持人的功力。还有一期节目，现场有一位孩童用清脆的声音唱起了《春夜喜雨》，旁边孩子的父亲轻轻地和着，没想到这一幕将董卿深深打动了，她眼中噙着泪水，脱口而出叶赛宁的《我记得》："当时的我是何等温柔，我把花瓣撒在你的发间，当你离开，我的心不会变凉，想起你，就如同读到最心爱的文字，那般欢畅。"

如果说一两次的临场发挥有表演的可能，那么董卿多次的才艺展示足以证明她拥有强大的诗词存储量，这一点很多从事文艺工作的人未必比得上。因此有人这样形容《中国诗词大会》上的董卿："一颦一笑，一字一句，都散发着魅力。"

与其羡慕董卿身上闪烁的光芒，不如像她一样，从宝贵的生命中留出一部分时间来充实自我，这种充实或许不会马上产生回报，但只要你来到一个合适的舞台上，你就会因此光鲜夺目，成为人群中最闪耀的一颗星。

每一颗闪亮的钻石都历经无数次的打磨,每一次信手拈来都是厚积薄发的结果。如果你只想获得那个闪亮的结果,那么你只是一个功利主义者,因为你忘记了积累的过程才是最让人幸福的。董卿在成为业界出色的主持人之前,一直在默默锤炼自己。千百次的抄写枯燥吗?肯定有枯燥的时刻,但董卿愿意从中找寻出乐趣,也相信今天的枯燥必然会换来明天的自信。欲戴其冠,必承其重。想要游刃有余地在一个领域发光发亮,就要在进入之前做好准备,这样,你在需要展示才华时,才能具备足够的底气,散发属于你自己的从容之美。

4 有迷茫,也有顿悟

当人们惊叹人生中精彩的篇章时,似乎总会把目光聚焦在那些闪耀的瞬间,而忘记了人生最大的乐趣在于探索。当我们对接下来要走的一段路感到未知的时候,心中的好奇、忐忑和激动才是助推我们坚定走下去的动力。同样,赞赏一个人的成功,不能只看那开悟的时刻,也要关注那迷茫的时光,因为这是分属不同阶段的侧写。

有些人不愿意展示自己迷茫甚至犯错的经历,只愿意和别人分享高光时刻，这就是刻意掩盖了生命中最激荡人心的部分：我们越是处于迷茫之中，日后的醒悟越能显得来之不易，如果将迷茫的片段从中抽离出去，那人生自然也就不完整了。

对于女性而言，一段光彩照人的履历是那么富有吸引力，以至于不少人专门为自己打造光彩的历史，回避甚至不承认迷茫的过去，然而越是这般心虚，越会让人觉得不够真实，而不真实的人格往往会失掉很多魅力。

在董卿的职业生涯中，并不都是闪光时刻，也有那么几段迷茫的探索时期。

在董卿加入央视的西部频道以后，她负责的节目是刚刚开播的《魅力12》。这是一档展现西部原生态民间文化的综艺节目，内容由在演播室现场的文艺表演、嘉宾和观众的现场互动以及实地纪录片播放三个部分组成，可谓丰富且有看点。然而作为主持人的董卿，在刚接手这个节目的时候，不仅没有一种得到重用的感觉，反而心力交瘁。

一方面，因为《魅力12》主要展示的是西部文化，这对于从小在南方长大的董卿来说十分陌生，她甚至连山西民歌和陕西民歌都分不清楚，更不知道宁夏的自然景观和内蒙古有多大差别。在那一刻，她也发现自己之前积累的知识是发挥不了任何作用的。面对民俗和自然，她就像一个小学生一样脑子空空。但是董卿并没有因此放弃，而是抽出大量的时间来恶补知识，在经历一段时间的搜集资料之后，董卿曾表示："灰心丧气的时候，你会觉得你明明很努力，花了很多心血，却没有多少人看到、关注你的成果，甚至有一些夜晚，独自对着厚厚一摞稿子，想撞墙……"

另一方面是因为当时的西部频道刚刚成立，节目组的成员比较复杂，他们都来自天南海北，性格、生活习惯都有很大差异，想要把他们凝聚在一起发挥出团队的力量，就要花费很大的精力。

这就是当时董卿的境遇，此时的她深深地陷入迷茫状态中，不知道该采用何种有效的办法来解决这些难题，她唯一能做的就是在录制节目之前，拿出百分之二百的精力做好准备工作，让自己站在舞台上的时候充满自信。

在董卿的努力之下，她缺乏的民俗和自然知识渐渐被充实进头脑，她所在的节目组也在磨合中逐渐凝聚在一起。董卿能够做到这种地步，和她发自内心的自信是分不开的，她知道自己有很多事需要学习，所以她才能沉下心去弥补短板，将节目尽量做得至善至美。

女性出于顾及颜面的需要，很多时候会回避自己的至暗时刻。从人性的角度看无可厚非，但如果你习惯回避人生中的低谷，那么当你遇到新的低谷时，就很难摆正心态，因为你会给自己注入虚假的信心，盲目地告诉自己"你能行"，其结果就是忽视了现实障碍的存在，只能给你未来的道路增加麻烦。

董卿则不同，她承认自己的迷茫，这是一种虚心的态度，以此为前提，开始有针对性地学习和提升，这样才能真正改变自我。

其实，迷茫是人生的常态，它的出现并不是在告诉你"此路不通"，而是让你"转换思维"，毕竟人生的道路千万条，走哪条路以及怎么走，决定权都掌握在自己手中。如果在行路的过程中心态崩了，才是最可怕的。

董卿在初到北京之后，感受到了前所未有的孤独，走在陌生的街道上，没有人认识她，也没有人关心一个外地人的生活，她只能自己租房子、坐地铁，经常迷路，有一次在街头听到别人弹唱《在他乡》的时候，董卿忍不住眼泪汪汪。尽管如此，董卿并没有把这些坏情绪告诉父母，她不想让他们为自己担心。

在最初的适应阶段，董卿是做好了两手准备的：北京有节目就留在北京，一旦轻松下来，就马上飞回上海，寻找心灵上的庇护。对此，董卿也勇敢地承认了当时的迷茫状态："台上的勇敢是因为我知道有很多人在关注我，我的力量来自观众。英文中'主持人'的意思是接力棒的最后一棒，最后一棒交到我手里，我不能不负责任；台下有软弱的一面是因为这时我是为自己活着，不知所措是我的真情流露。"

在那段时间里，董卿的确感受不到前路光明，她不知道在陌生的城市里会打拼成什么样子，尤其是从上海回到北京的时候，那种孤独感会瞬间将她团团包裹住。不过，这种负面状态并没有持续太久。在一次往返途中，董卿忽然顿悟了：什么时候自己变得如此顾影自怜了？

从这一刻开始，董卿进行了深度的自我梳理，她认为自己频繁地回家，与其说是想念父母，不如说是逃避在北京的生活。上海对于她来说，并不是家，而是一个避风港，提供给她一种虚假的安全感。的确，如果董卿不能更好地开拓事业，她很可能在北京会越来越不顺心，直到某一天工作不再需要她，等到那时再回到上海，她还能感觉到安全和满足吗？

董卿就此幡然醒悟，她不能一次又一次地给自己灌输心灵上的麻药，她既然已经选择了北京，就要接受现实，就要融入新的工作和生活环境中，否则之前的努力都将付诸东流。毕竟，人生无法重启，她必须对自己的选择负责。

命运到底是不是公平的?这恐怕是一个难以得出答案的问题,但至少有一点可以肯定:你越是努力地去面对困难,解决问题的成功率就越高。如果你只想要逃避,那么大概率是要失败的。

女人因为感性,的确会更容易陷入伤感的情绪中,这是女性的可爱之处,但必须要合理地约束它,不能因你在街头听到的一首老歌或者书本上的一句话就生出种种负面情绪,这只能破坏你原本可以更加精彩的生活。无论是处于顺境还是逆境,都要保持一颗平常心。

人可以迷茫,但总要从迷茫中走出来。如果只愿意在原地踏步,那么永远都会被困在里面。董卿悟到了这点,于是她开始说服自己留在北京,不要总是想着回上海,她只有真正融入这座城市中,才能让事业进入到一个新阶段。

迷茫后的顿悟只是开始,人要适应一个新环境总是要付出代价的。在北京租房的日子,董卿一开门看到的就是房间里的浮尘,她总是想提起房间里的四个箱子就离开,但她终于用理智遏制住了这种想法,她会犀利地问自己:你要的是什么?不就是工作、激情和满足感吗?

在发出了这样的灵魂拷问之后,董卿的心慢慢得以平复,她不断地告诫自己:"坚决不回!哪怕是忍,也要坚持下去!"就这样,从半个月到一个月,从一个月到好几个月,从几个月到一年,终于,董卿习惯了一个人的生活。当她感到孤独的时候,或者低下头看书,或者走出去看电影,再或者就窝在床上睡觉。

孤独和寂寞,迷茫和困惑,这些都没有压垮董卿。在她慢慢接受现实之后,心中也变得坦然了。在一个冬天的深夜里,她独自一人在寒风中等车，却没有被伤感包围，因为此时的她已经顿悟了自己未来的人生：她在一步步地成长，而成长必然会伴随着阵痛。

身为女性，不要惧怕前进路上的迷茫，试着走出去突破一下，才有机会验证自己的真实能力，也无愧于当初做出的选择。如果因为自我保护而抗拒尝试，或者不愿正视迷茫而自作聪明，这样会给人生埋下更多的陷阱，一不小心就可能深陷其中。记住，打败岁月的不是天真，而是经过时间洗礼磨砺而成的坚硬外壳。

凝练属于自己的智慧

女人都渴望永葆美丽容颜，这是女性天然对美的向往和追寻。诚然，娇媚的容颜也许会让人生在某些方面变得更为畅通无阻，但驻颜有术毕竟只属于极少数人，大多数女性还是会随着时间的推移而渐渐失去光彩照人的面容。然而，有一样东西是不会随着时光而消逝的，那就是智慧。

智慧是一个听起来简单却又并不简单的词语，一般人们会把它解读为分析问题和解决问题的能力，不过，智慧的定义不仅限于此。处理同样一个问题会有 N 种解决方案，有智慧的女人不是掌握了所有解决方案，而是擅长使用最适合自己的解决方案。

智慧不是从他人那里照搬照抄过来的，而是应该凝练属于自己的智慧，这样你才拥有别人所不具备的优势。

有些女性之所以更看重容貌，并非因为她们不懂得智慧的重要性，而是她们错误地认为，这个世界对美貌的女人更友好。从某种角度看，这个观点没有错，但问题在于，美貌往往只影响人们的第一印象，一旦有了深入的接触，一个美丽却没有智慧的灵魂只能让人觉得无趣，甚至可以说，只有美貌而没有智慧是危险的。

著名作家、编剧麦家，因为创作的《风声》等小说被改编成影视剧而深受观众喜爱。他在参加《朗读者》这档节目之前，对董卿的印象只是"这是个美人，一看就是江南女子啊"，他并没有因此对董卿产生很大的好感，因为他坚定地认为主持人只靠颜值不能撑起一个节目，更需要足够的智慧，否则主持人只能充当舞台上的花瓶。但当麦家和董卿接触之后，董卿丰富的知识储备令麦家震惊，他连连称赞道："她在现场的应变能力很强，经常会引用经典句子和其他人的观点，是知识储备给了她智慧。"

当一个女人充满智慧以后，她的视野会变得开阔，头脑也变得清晰，她知道自己想要什么，也知道自己的长处和短板是什么，就会懂得如何发挥长处、如何弥补短板，这样一来，她们不仅拥有有趣的灵魂，更具备富有感染力的气质。智慧的女性会充满自信但不自大，心怀谦虚却不卑微，个性独立却不霸道。

2004 年夏天，董卿从西部频道调到央视文艺部，此时的她迎来了人生中又一个重要的机会——成为第十一届 CCTV 青年歌手电视大奖赛的主持人之一。青歌赛从 1984 年就开始举办，是央视的经典节目，也是国家级的声乐殿堂。参与这档经久不衰的金牌节目对任何一名主持人来说，都意味着登上新的台阶，然而它对主持人的要求也是极高的：采用直播，赛制完善，全民关注，主持人如果犯错，是很难弥补的。对此董卿曾表示："直播是对体能和心力的极大考验。"

青歌赛由职业组和非职业组组成，总计 30 场，直播连续 20 天，每晚直播将近 3 个小时。董卿当时负责的是职业组，工作内容是照着屏幕念题。虽然听起来很容易，但做起来并不轻松。每天下午 3 点就开始彩排，直到晚上 10 点直播才结束。董卿每次都会提前 1 个小时到场，期间还要去会议中心和评委老师核对第二天的考题，回到家的时候，已经是凌晨 3 点了，但她依然不能休息，因为还要背台词，等到把台词背熟了，差不多是清晨时分了。

不过，董卿虽然对台词烂熟于心，却并没有把"背熟"当成是合格的标准，因为这种照本宣科的主持不是她的风格，时间长了也会让观众感到乏味。她给自己设定的主持目标是"从选手身上挖出一点新鲜的东西来"。

其实主持人能保证在直播期间不犯错就已经很好了，几乎不会有谁想着要超常发挥，毕竟这存在着很大的风险。但董卿不这么认为，她不会沿着别人走过的路再走一遍，此时的她经过多年的主持生涯洗礼，已经凝练了属于自己的智慧：既要在节目中不犯错，又要提炼出新的亮点。为此，董卿抽出大把的时间对所有的参赛选手进行了一次摸底，了解他们来自哪里、喜欢什么以及心路历程等等，她认为只有这样，才能让观众全面地认识一个歌手，而不是对他们的印象停留在几首歌中。她想展示一个有血有肉的人。

这就是董卿的主持人智慧，她深入理解了自己从事的职业，也懂得了选手想要表现什么、观众想要了解什么，所以她才坚定地认为：主持人如果只能按照流程念台本，那和机器并没有什么区别，而机器之所以无法取代人类，就是缺乏一颗温热的心。

董卿是一个有智慧的女性，但她从来不会因此而恃才傲物，反而会低调地认为这种智慧仅仅是一种努力的结果罢了。她之所以会产生这种态度，是因为她已经将智慧融入她的性格、思维和习惯之中，这并非一朝一夕能够完成的，而是经历了多年的素质培养而形成的。

一个主持人的聪明之处应该体现在哪里呢？首要的一点就是跳出主持人的视角去思考问题。像青歌赛这种节目，舞台的焦点不是主持人，而是参赛的选手，主持人必须要学会换位思考，考虑选手的内心世界。在赛场上任何一点变化都可能影响选手的心态，从而导致他们发挥失常或者超常，那么主持人就应该尽力避免选手陷入负面情绪中，一个友善的眼神、一句鼓励的话语往往能够稳定选手的情绪，帮助他们减轻比赛压力，让观众看到选手真正的实力。

当然，董卿的智慧不是天生的，是她有意识地自我修炼而成的。在她刚来北京的时候，接触过她的人都说她有一种距离感，这让她很是困惑。董卿意识到这对于她的主持事业非常不利，于是就竭尽全力改正：她不断地主动找人聊天，改变原来的语气和腔调，只要到了舞台上，她就会尽量发自内心地微笑。不过，回到个人生活中，董卿不会强迫自己爱说爱笑，这就是对职业和生活最准确的拿捏。

董卿说："舞台上我爱笑，很多人也很喜欢我的笑容，觉得很真诚。奇怪,我心甘情愿地把这个最好的、最美的我留给观众。这不是虚伪。站在舞台上,我就很开心,非常享受工作的感觉。有时心情不愉快,但上了台就全忘了。"

在董卿的努力下,第十一届青歌赛开播后,很多观众喜欢上了她,经过那年的夏天,不少人都记住了她的名字。那时候,每天直播完开会,领导和同事都会肯定董卿当天的表现,这种肯定慢慢就变成了更大的认同,董卿终于把压在心里的气长长地舒了出来——她知道自己的事业进入了新的阶段。当然,董卿想要的并不只眼前的这些,她想成为一个有价值且受人尊敬的主持人,而不只是一个能被大家记住并叫得出名字的主持人。

在董卿名利双收之后,她并没有就此满足,依然孜孜不倦地学习,丰富自己的智慧,这也是董卿的节目随着时代的变化依然好评如潮的根本原因。

当女人拥有了属于自己的智慧以后,她们既会懂得如何工作,又会懂得如何生活;她们既有面对现实的勇气,又有憧憬未来的浪漫。在智慧的加持下,她们会少很多抱怨,多几分平和,她们会用智慧的眼光去认清自己,也能积极地发现生活中的美好,她们的生活自然也变得精彩纷呈。

或许某一天,你会突然发现皱纹爬上了你的脸庞,你会感到难过和恐慌,但你不该为此产生焦虑,因为你眼中的睿智依然存在,它不仅没有被蹉跎的岁月打败,反而历经时间的打磨而日渐散发光芒,你会因为智慧而变得更加优雅和自信。这是属于你自己的光泽,它会一直照耀你的脸庞,让你在逐渐老去的路上更加从容和淡定。

6 内外兼修才是长久之道

女性的魅力并不只在于清新淡雅的容貌,更在于丰富深沉的内涵。容貌对女人而言,是一种外在的形象名片;而内涵对于女性来说,则是内在的心灵名片。女人不仅需要保养容颜和身体的美容产品,也需要修补和填充内心的精神养料。一个富有魅力的女人绝不仅仅容貌姣好,还应该具备通达、博学、独立的品行与个性,这就是女性的内外兼修之道。

一些女性片面地认为,既然上天给了我美丽的面孔,我就等于拥有了一件漂亮的外衣,那么何必在意外衣里面是什么呢?的确,外衣可以帮助你通过人生的很多关卡,但总有一些关卡是通不过的,而且你的外衣会随着时间的推移而磨损折旧,这时候能够撑起它的就是你的内在。

成为一个内外兼修的女人,既不放弃对外表的修饰,又不忘充实内在的深度,这样才能在人生的道路上突破更多的关卡,任何人都不会对你小觑。保持美丽是一辈子的事情,修炼内在同样要坚持一生。

对主持人来说，如果靓丽的外表和甜美的声音是"华丽的外衣"，那么丰富的知识结构则是"深厚的内在"。一个主持人外形很差，自然难以获得观众缘，同样，如果主持人没有深厚的知识底蕴，主持的节目就很容易流于肤浅，无法得到观众长期的喜爱，这就是主持人所需要的内外兼修。董卿就是一个做到了内外兼修的优秀主持人。

董卿经常对自己说："一个人不能光着眼于现在，作为一个称职的节目主持人，外在的东西很快就会成为过眼云烟；现在的观众越来越偏爱智慧型的、知识型的节目主持人，而这一切不是凭先天就能得到的。"

董卿从来没有因为自己的容貌而自满，虽然她知道这是自己的对外名片，但仅有一张名片是不够的，她必须不断为自己补充主持人所需要的完善知识体系。而且，她越是在事业成功的时候，就越能认清这一点。

在 2014 年 4 月到 2015 年 7 月这一年多的时间里，董卿从央视的舞台上消失了。当时人们纷纷猜测，后来才知道董卿是以美国南加州大学访问学者的身份，去美国学习深造了。或许有些人会担心，此时的董卿事业如日中天，这样走了会不会削弱人气？

关于董卿去海外深造这件事，倪萍表示了肯定："这的确挺像她做的事，过去十年她将所有的精力、智慧和时间都给了这份工作。从她台上的表现可以看出，不费功夫是做不成那样的。这么大的舞台，能让这么多人信服和喜欢特别不容易。观众已经觉得她非常好了，但是她心中有更高的目标，希望更好，再回来的董卿可能就是'董卿'的'董卿'。"

对董卿来说,她已经拥有了符合主持人要求的容貌,但她的知识体系还需要进一步完善,这样才能登上更广阔的舞台。

内外兼修,并不是让你轻视外在、重视内在,而是同时兼顾,而外在的保养比内在的充实要更容易一些,所以聪明的女人会把更多的精力放在修炼内在上。当然,她们修炼内在并不只是通过读书和思考,她们还会紧跟时代,接受新鲜事物,学会和不同的人群打交道,不断外出游历来增长见识,这样才能把握时代的脉搏,无论从事何种工作,都能站在行业最前端。

内外兼修需要时间的累积,也需要内心的沉淀,它是一个慢慢修炼的过程,千万不可操之过急,要能够正确地认识自己。以董卿为例,她的文化修养已经领先于同行,但她依然在事业上升期选择外出深造,这是因为她知道自己掌握的知识还很有限。主持人应该比观众掌握更丰富的知识,这样才能游刃有余地应对各类不同的节目。

在一次青歌赛的直播中,一位少数民族的女选手走上了央视舞台,然而她的成绩并不理想,当这位女选手为比赛结果黯然落泪之际,董卿走过去,温和地对她说:"我能拥抱你一下吗?"随后就给了女选手一个温暖的拥抱,女选手顿时破涕而笑,台下也响起了如潮水般的掌声。

对选手和观众来说,董卿甜美的笑容和得体的举止,已经让央视这个舞台充满了温暖的气息,但董卿并没有满足于此,笑容和举止都是外在的,她还需要拥有适合这个舞台的内在,那就是敏锐地捕捉选手的情绪,让他们从消极的状态中走出来,让这个看起来很残酷的舞台多几分暖意。

有些女性和董卿一样拥有动人的笑容和迷人的声线，很容易让第一次接触她们的人产生好感，但只要相处时间一长，她们或平庸或冷漠的内在就会被人看穿，让人们不禁遗憾地表示："不过如此。"

达到内外兼修的程度，不是你自己感觉到就可以了，还要让他人感受到，这样的兼修才是有效果的。

还是在青歌赛现场，有一次，两名羌族歌手表演了一段动听的酒歌，然而在问答环节中，他们对评委提出的常识性问题几乎都答不上来，评委表情顿时变得严肃起来，就连台下的观众席也传来阵阵笑声，舞台上的气氛瞬间变得窘迫起来。按理说，这样的场面并不关董卿的事，也不算是播出事故，但董卿十分体谅两位选手此刻的心情，于是灵机一动，指着歌手随身携带的一把小银壶，让评委猜这是干什么的。

在董卿的引导下，评委们马上来了兴致，有的说银壶是定情信物，也有的说是烟丝盒，还有的说是辟邪的，结果没有一个人猜中，最后歌手表示，银壶是用来装盐的，因为他们在外面打猎，有时候会把猎物当场煮熟之后充饥，这就需要用盐来调味。直到这一刻，董卿的所作所为可以理解为帮助歌手打圆场，是一种高情商的表现，但董卿接下来的表现则展示出她心中的智慧——她趁机问评委余秋雨："这个问题，我们的评委们能得多少分啊？"余秋雨实事求是："当然是零分。"这时，董卿微笑着说："就像他们答不出我们的题目一样，在这两位歌手来到中央台的舞台之前，我也不知道羌族还有这么优美的酒歌。其实，不论他们来自哪里，音乐是可以毫无障碍地抵达每一个人心灵深处的。这就是我们举办歌手大奖赛的目的。"一番话过后，两位歌手泪光闪烁，现场也掌声雷动。

打圆场，只是主持人必备的基本素质，目的是为了让节目顺利地进行，保持适宜的氛围，不让选手尴尬，但董卿最后的那番话已经超出了打圆场的层面，而是给现场的评委和观众提了一个直指内心的问题：你们在所有领域里都是无所不知的吗？正是这样有质量的提问，无形中增加了青歌赛的节目内涵，让人们听到的不只是歌声，还能通过歌声去了解歌手以及更广阔的世界。

如果没有深厚的内在修炼，董卿能做的也不过是安慰一下处于窘境中的歌手而已，这样做是合格的，但绝不是最佳的，董卿用沉稳的心态和清新的视角将节目带入一个新高潮。难怪很多人认为，董卿在主持青歌赛时，原本只要做好分内工作就足够出色了，然而她实际做的远超出一个主持人的责任范围。这并不是董卿刻意要凸显自己，而是内在驱动着她把事情做到尽善尽美的程度，这并不是有意取悦谁，而是满足自己对高质量作品的要求。

和内外兼修的人交往，就像是被夏日的一阵凉风吹过脸庞，不觉得冷，又能缓解燥热，因为他们能恰到好处地将外在和内在完美地统一起来。人们喜欢董卿也正是这个原因：人们赞赏她外在的魅力，也欣赏她内在的才华。

或许你不会像董卿那样有机会登上一个被灯光聚焦的舞台，但你可以在自己的人生舞台上展示你优雅的外在和深厚的内在，做一个不被年龄、现实所禁锢的鲜活女人，做一个既有良好外形、又有可爱灵魂的自信女人。这样的你，必然也会拥有一批忠实的"观众"。

第五章
遇见全力以赴的自己

1 用努力成就辉煌

当你还在因为朝九晚五的工作而感到迷茫时，当你还在因为自己做着并不喜欢的工作而郁闷时，你是否想过，并不是生活在压迫你，而是你自己在束缚自己？因为当你为了上述事情心生烦恼和抱怨时，那些起点比你高的人已经孤注一掷地开始了寻梦之旅：他们或者放弃了原本优渥的条件，或者走上了一条极为艰难的路，他们心中有对成功的执念，因此义无反顾地放弃了恐惧、焦虑和犹豫不决，眼前只有通往终点的路。

看着这些人的一往无前，你是否产生了一丝丝的羡慕呢？或许，你会因为自己是一个女人而自我安慰：打拼是男人的事情，我只要负责"貌美如花"就够了。

生活原本就充满了挑战，而人生也到处是冒险，这是针对所有人而言的，不会因为性别的不同而产生差异，所谓的"你负责赚钱养家，我负责貌美如花"不过是一句玩笑话罢了。一个不敢去打拼的女人，注定只能成为瓶中花，而花是有花期的，一旦凋零，就不会再有人去关注。

女性的觉醒，并不只是思想意识层面的，不是喊一喊"女性要独立"就成了新时代的女性，你必须拿出实际行动来，才能真正证明自己。当然，女性想要在人生中有所作为，有时候面临着比男性更多的障碍，但你要记住：你并不需要把所有障碍都打破，因为有些障碍本身就是歧视和偏见，你只需要付出行动，证明你是行动的巨人就足够了。

虽然我们每个人都渴望登临峰顶，可毕竟能走到山顶的人是少数，我们不应该做半途而废的怯懦者，而是应该成为勇往直前的攀登者——哪怕你最后不幸倒在终点之前。简而言之，人生允许失败，但轻易放弃的人是可耻的。

一个女性如果没有豁出去的勇气，纵然她倾国倾城，也并不值得人们去追捧。

董卿就是那种为了信念和目标可以豁出去的女人，在她身上总能看到一种无所畏惧的勇气。她为了梦想和生活可以放弃现有的安稳条件，她可以去追求对她来说全然陌生的东西，即便撞到南墙也不会轻易回头。董卿曾说："我觉得人的脆弱和坚强都超出自己的想象，我有时候可能脆弱得一句话就让我泪流满面，但有时候也发现自己咬着牙走了很长一段路。"

咬着牙走完路，这就是用努力去成就辉煌。当然辉煌只是出现在终点，在获得辉煌的过程中，必然要先承受别人无法理解的苦痛。

董卿因为在第十一届青歌赛上的优秀表现而获得了和周涛、李咏等人同台主持央视春晚的机会。2005 年的春晚，董卿身穿红色的旗袍,在舞台上惊艳了全国观众,数亿观众记住了这位出色的女主持人,然而就在8年前,当时的董卿还是一个在春晚节目组当剧务的普通工作者,那些明星大腕没有谁知道她的名字。

站上央视春晚的舞台,是董卿经过10年奋斗后获得的结果。她用实际行动告诉大家,想要在人前收获高光,背后需要不懈的坚持。董卿能够成为春晚的主持人,绝不是靠着幸运,而是那一份让人动容的努力。

2004年,当青歌赛结束之后,董卿又连续主持了几十台节目,场场发挥稳定且充满个人特色。在年底的时候,距离春晚还有不到一个月的时间,董卿忽然接到了当时春晚总导演郎昆的电话。当时,董卿正忙着搬家,当她得知自己即将成为春晚的主持人之一时,兴奋万分,虽然这意味着她不能回家和父母一起过年,但这代表她走上了新的人生巅峰。因为搬家而产生的疲倦顿时消除了,她马上进入春晚节目组,开始了紧张有序的排练工作。

春晚的主持流程并不复杂,不过对主持人是一次全方位的严格考验。从排练到正式播出,主持人有半个月的时间熟悉流程,中间要插入六七次排练,每一次都是和真实演出一样,虽然台词量不大,但奈何春晚是面向全国观众还有海外华人同胞直播的,所以主持人的心理压力是很大的,任何一个失误都可能被亿万人记住。因此,主持人为了达到尽善尽美的程度,需要在将近5个小时的节目中精确到秒,把倒计时环节掐得死死的,这样才能给观众挥洒自如的感觉。

董卿刚进入春晚节目组的时候,压力相当大,毕竟她在这个超级舞台上是没有多少经验的,领导也不止一次地鼓励她,让她放松心情,把自己最好的状态拿出来。

好的状态是建立在过硬的实力之上的,董卿深知这一点。在那段备战春晚的日子里,董卿不管多晚回到家,都要在房间里练习台词。她想象着直播时的画面,不断地背诵台词并调整情绪,几乎每一段词都在她口中念了上百遍,她要通过这种加强练习,为自己增添足够的底气。

曾经有记者问董卿,主持春晚和青歌赛有什么不同的感受?董卿的回答是,青歌赛的直播没有预演,主持人可以临场发挥,调动节目的现场氛围,但是春晚讲究的是共性,没有多少展现个人特色的空间,每个主持人都必须服从大局,要展现大多数观众能够接受的状态,比如端庄、喜庆等等,这时候,她是不会追求个性化与差异化的。然而,坚持共性也是很难的,这意味着董卿不仅要收起过去的主持风格,还要想尽办法和其他主持人保持步调一致,让观众感受到他们是一个配合默契的主持人团队,这就需要通过主动的努力来弥补彼此风格上的差异。在这方面,董卿下了不少功夫,她用最严格的标准来要求自己:"主持艺术到最后无非就是语言的艺术,而语言的价值在于能引发人的共鸣和思考。综艺节目主持人特别要掌握分寸,太闹让人觉得浅薄,太刻板给人距离感。因此要在动静庄谐之间掌握平衡,说什么、怎么说、什么时候说、说多少,这是技巧。"

这就是董卿对主持人的理解,也是她从事这一行的原则,她认为电视是观众获得知识和信息的重要平台,所以主持人必须要有足够的文化底蕴,这样才能游刃有余地主持节目,不浪费观众的时间,这需要时间去历练,也需要时间来证明。

当你的目标是登上一座小山时，或许你只需要汗流浃背，就可以到达山顶；而当你的目标是一座高峰时，或许你需要拼尽全力，甚至冒着生命危险才能登临峰顶。董卿知道参加春晚就是在攀登之前从未攀登过的高峰，所以她必须拿出比平时更多的努力："这是一个新的高度，需要自我调整。就像跳高运动员，不断挑战自己的极限，这个高度是属于他的高度，也是别人要追求的高度。所以到了一定的高度后，最后挑战的就是自己。"

用努力成就辉煌，不仅要默默付出汗水，也要忍受孤独。在2005年的春晚结束之后，董卿独自一人回家，而其他的主持人要么去和朋友聚会，要么去和家人旅游，而董卿只能自己煮了一盘速冻饺子，那就是属于她的年夜饭。

有些女性并非不能吃苦，她们可以接受困难的锤炼，却不太愿意忍受那种孤独，她们抗拒付出，是因为不想一个人孤单地享受辉煌。其实，这种孤独也并非成功的常态，它只是在某些时刻会被你的情绪放大，而当你真的取得辉煌之后，你是不会缺少朋友的，所以即便人生能够重来，董卿也一样会加入那场被数亿观众所期待的春节联欢晚会。

2005年2月25到26日，上海举行了"2005中国电视主持人论坛暨年度颁奖盛典"，董卿一个人就拿到了两个大奖："2004年度最佳电视综艺节目主持人"和"2004年度最佳电视女主持人"。当董卿登台领奖时，她是这样表达内心感受的："谢谢中国电视艺术家协会……没想到！谢谢中央电视台给我提供了一个这么好的舞台。莫泊桑说过：'人生永远不会像你想象的那么好，但是也不会像你想象的那么糟。'

我之所以能走到今天，所有的力量都来自于你们——我的观众。之前已经说了，10年了，我想拿这个奖最重要的是它会让我考虑今后的10年我该怎么去做。谢谢大家！"

颁奖典礼结束后，媒体纷纷报道"央视杀出一匹黑马"。其实，董卿并不是黑马，因为黑马总有些运气和超常发挥的成分，而董卿是用10年的时间专注在主持事业上，把从基本功到临场发挥的每个环节都反复锤炼，她获得奖项本来就只是时间问题。仅在2004年一年，董卿就做了130场节目，她的电脑里保存了130份工作日志。这个数字意味着董卿不到3天就要参与一场节目，在她的世界里，已经没有"假期"这种东西了。

女人要对自己狠一点，如果不够狠，就会下意识地给自己留后路，这样在追求成功的过程中就不会全力以赴，而一旦产生顾虑心理，人的潜能就无法得到完全发挥。只有像董卿那样敢于拼命和豁出去，你才能战胜心中的恐惧。当一个女性被置于绝境时，她所能爆发出的潜力绝不亚于男性。

诗人泰戈尔曾说："困难像一支和陡峭的悬崖搏斗的狂奔激流，你应该纵身跳进那茫茫的、不可知的命运，然后以大无畏的精神战胜它，不管前面有多少困难向你挑衅。"

人人都向往辉煌，但人人又都畏惧通往辉煌的那条路，因为他们知道那条路上布满荆棘。对于女性来说，追求人生目标会遇到很多的障碍，可越这样，越有必要去证明自己并非弱者。通往辉煌的路再难、再险，但只要你坚持下去，那条路就是属于你自己的。一个人总要为自己的人生负责，总要为自己的目标付出行动，不然就等于早早预知到了人生的结局，还有什么奋斗的乐趣呢？

不管前路有多难，当我们全力以赴地为自己的选择而努力时，你反而不会那么在意结果了，因为你看到了在这个奋斗过程中坚持不懈的自己，你不一定需要别人的认同，因为你已经率先感动和激励了自己。成功者最值得人羡慕的不是他们身上的光环，而是他们敢于为目的全身心投入的勇气和激情。

董卿的成功不是一个意外，是她的敢闯敢拼造就了今天的荣誉。这个世界上还有很多像董卿一样的杰出女性，她们愿意为了梦想坚定地向前走，而且不达目的决不罢休，最终她们的名字和事迹会渐渐被人记住。或许，你也拥有和她们一样的梦想，那就不要只做一个旁观者，放开一切，走向那条寻梦的艰险之路吧。只要你坚持走到终点，无论结局如何，总会有属于你的掌声。

2 认真的女人无懈可击

有人说，男人在专注工作的时候最有魅力，其实，专注工作的女人何尝不是魅力十足呢？如果一个女性把大部分精力放在修饰妆容和穿衣戴帽上，这种美自然是肤浅的，因为她们只是想取悦自己或者是吸引他人的目光，但是当女人认真做一件事的时候就完全不同了，她是在为实现梦想而努力，此时的她早已心无旁骛，并不会介意别人说什么，只在乎自己愿意为之付出的那个目标。

女性比男性更在意生命的精致感，也就更容易追求完美，这本是一种对美好生活的向往。不过有些女性追着追着就迷失了方向，从完美主义者变成了偏执狂，只要工作和生活中存在一点瑕疵，就会焦虑不安。她们不允许自己的世界里存在任何缺陷，所以就会竭尽所能地消除这些缺陷，其结果就是缺陷并没有被消除，而她们已经心力交瘁。

事实上，女性不需要通过完美的标签去证明自己，因为这个世界对完美天然是不友好的。女性真正要做的是让人觉得无懈可击，即你在某个领域全身心地投入，无论成功或者失败，别人都无法挑出你的错误。当然这或许并不重要，更重要的是你不会挑剔自己，因为你已经毫无保留地把自己最美妙的时光专注于自己热爱的事物上了。

董卿就是一个能够认真对待工作的人，无论主持什么类型的节目，董卿始终兢兢业业、一丝不苟。在主持《中国诗词大会》时，董卿的背包里永远放着一本《新华字典》，她会趁着化妆的时候认真翻阅，对里面的生僻字进行特别的标注，同时反复地阅读稿子，而这种工作强度已经成为她的常态。

既然主持人可以依赖事先准备好的台本，那么董卿为何要如此费力地做额外的准备工作呢？她是这样解释的："每次都字斟句酌，就是希望自己能够在主持的过程中言之有物，希望能够在节目中将情感和思想用自己的语言恰到好处地表达出来，然后自然顺畅地告诉观众，让观众有身临其境的感觉。"

当一个女人开始认真时,她们的细致和执念能充分调动自身潜能,将主观能动性发挥到最大限度。保持这种状态的女性,在事业上总会达到一定高度。

如今,有些女性总会抱怨工作枯燥无味,总是呈现出一种疲惫不堪的样子。她们看起来似乎是为了生活疲于奔命,但其实是自己抑制住了工作潜能,不愿意认真地做好某件事,长此以往,自然会产生懈怠心态,即使遇到自己感兴趣的事也很难调动积极性。相比之下,像董卿这样的女性强者,她们不管多么劳累,脸上总是一副光彩绽放的样子,她们会把工作当成人生的一部分,所以总是会下意识地调动所有潜能,去做好工作。

2004年,董卿在成功主持青歌赛之后,台里又将另一档户外综艺节目《欢乐中国行》交给了她。这档节目在内容上包含了很多艺术性,而且主打的是时尚感和互动性,注重展示不同地域的文化魅力和城市特色。董卿深知这代表着台里对自己的重视,她也知道要做好这档节目并不容易,于是董卿开始发力,她和新搭档张蕾随着节目组走遍了全国各地。

出门在外不比在家,特别是对女性来说,有很多不便之处,然而董卿还是坚持了下来,把全部精力集中在这档节目上。进入认真状态的她已经忘记了吃苦的味道和熬夜的难受,因为她的眼里只剩下了节目本身。事实证明,正是董卿在《欢乐中国行》中的出色表现,为她赢得了登上春晚舞台的宝贵机会。

有的女性不想把自己拖入认真的状态中，觉得那是在自己折磨自己，其实她们不知道当一个人开始专注地做某件事的时候，反而感受不到太多的劳累和辛苦，因为注意力已经聚焦在具体的事物上。相反，一个时刻想着摸鱼的人干工作，只能被工作所"拖累"，因为这样的人从一开始，对工作就是抗拒的，而抗拒心理是不可能产生良好体验的。

董卿在获得 2004 年年度最佳电视女主持人之后，曾经有记者问她："主持人分为三种，短跑型、中长跑型、长跑型，白岩松就曾形容自己是长跑运动员，因为他主持了 10 年才成名。你认为自己是哪一种类型呢？"董卿回答："我很赞同这种说法，同时我希望自己是长跑型的主持人……目前是我主持状态最好的阶段，既有精力，同时也有经验，我要把这个阶段尽可能延长，把自己的好状态展现在舞台上。"

董卿就是那个将专注状态长期保持的长跑运动员，她之所以能够常年坚持下来，是为了让自己在最好的时光里将最好的状态奉献给她热爱的舞台。

专注的女人会非常自律，因为她们可以为了达成目标而牺牲很多，这种自律会让一个女性更加趋近完美。

董卿秉持着对主持工作的认真态度，对每一句台词都会反复打磨、力求完美，而不会因为自己原本就博闻强识而放松要求。同时，她为了保持最佳状态，从来不暴饮暴食，坚持长期健身，让自己以良好的形象面对观众。为了做好每一期节目，董卿永远是化妆室里最早到的那个主持人，哪怕在她后来名利双收以后，她依然严格要求自己，将认真的状态发挥到极致。对此，她还发自肺腑地表示："有那么多人认识你的时候，你觉得自己成功了。但是，现在不能轻易下结论。对自我的认识是逐渐深入的过程，我现在日益清楚自己能干什么、想要什么，为此我愿付出什么。我想得更多的是，怎么把这件事情做得更好。我喜欢极致的感觉，而极致是没有尽头的。"

专注度是人对自己所做的工作的投入程度。那些成功女性之所以事业成就超出常人，不是因为她们比常人更爱名利，而是因为她们对自己做的事情着迷了，因而产生了极高的专注度，而这种专注度会让她们的事业达到一个新高度，自然就功成名就了。

作为女性，不要担心专注做某件事会失去很多，因为你即使没有获得结局上的成功，也会因为过程中的付出而无愧于岁月的流转。即便这个世界有时候很嘈杂，女性也要懂得收放自我，该交际的时候大胆地走出去，该沉静的时候愿意独处，这样才能将宝贵的时间用在自己喜欢的事情上，正如爱尔兰诗人叶芝所说：认真的女人最美丽。

当一个女性认真工作时，她浑身上下会充满能量，她的眼神会熠熠发光，她的声音会响亮清脆，别人会跟随着她的节奏，会不由自主地相信她。一个专注的人是真诚的，而专注的女性全身会绽放光芒。因为她们把工作当成了快乐的源泉，所以她们才会持续地投入，从中汲取力量。当女性能够进入这种状态时，任何人都不该对她们挑剔和指责，因为她们已经在充分利用有限的生命，甚至将灵魂注入所钟爱的事业里，这样的女性，足够得到别人的尊重。

奋斗就是忠于自己

"如果你想变得比别人更优秀,那就必须要每天比别人多付出半个小时。"

这是一位成功女性说过的话,或许在有些人看来,多出半个小时并不难,但真正难的是每天都能坚持下去,因为这不仅需要毅力,更需要一种信念。问题在于:女性要选择什么样的信念,为自己的奋斗增加助推力呢?有些女性可能是为了让生活过得更好,而有些女性可能是单纯地为了证明自己能行。不管是出于何种目的,都不能脱离一条准则,那就是忠于自己。

为了名利也好,为了信仰也罢,女性要清楚自己这么做不是给别人看的,而是给自己看的,也只有抱着这种态度,才能将付出坚持下去。如果你仅仅是为了让别人不敢小觑你,那么当你成功一半的时候,所有人都对你表示了高度认同,此时你还有多少动力继续坚持下去呢?要知道,你每天都要比别人多付出半个小时,两天就是一个小时,只要是人总会感到疲惫。所以,如果你不是出于忠于自己的目的的话,很容易半途而废,毕竟干扰你通向成功的外界因素实在太多了。

人和人的毅力并没有差别很大,很多人只是没有找到毅力的来源:是为了让父母脸上添彩还是让自己扬眉吐气?选择一个正确的动机非常重要。

董卿为什么能够成为一位出色的主持人?很多人都会回答是因为她很勤奋。但其实这只是表象,真正的原因在于董卿知道自己为什么要去奋斗,她不是为了证明给父母看,也不是为了和同龄人争夺强者光环,她只是发自内心地热爱主持事业。这种对事业的热爱就是对自己的忠诚,不需要考虑别人的感受。成为一名非常优秀的主持人,是她忠于自己并拼命努力的结果。

董卿曾说:"我从浙江有线电视台到上海东方电视台,再到中央电视台,经历了近十年的积累。其实没有一个人是天才,我更不觉得我是天才,我做主持人没有捷径,就是准备、再准备,这是我的法宝,我把一切可以预料到的因素都考虑进去。"

既然知道自己不是天才,那是什么因素让董卿执着地走下去呢?答案是忠于内心的选择。董卿知道在电视台会有很多优秀的主持人,他们有的起点比董卿更高,有的人脉比董卿更广,董卿很可能并不是最突出的那个,但是既然选择了成为一位主持人,董卿就要不断奋斗下去,如此,才能对得起当初的选择和付出。正是在这种强大动力的推进下,董卿耗费10年的时间,从一个默默无闻的地方电视台的小主持人,成长为央视舞台上的璀璨明星。

成功女性走向奋斗之路的原因其实很简单,就是"我必须这么做",而这是对自己的一句誓言。即便你是一个普通的女性,只要你愿意在工作中多努力一些，慢慢坚持下去，你就会发现你距离目标越来越近。经过岁月的磨炼，即便不能到达成功的终点，你也会变得不再平庸，因为你在内心经受了对自己的试炼。

不要羡慕他人的高品质生活，要多多问问自己，是否背叛了曾经的梦想，是否背离了曾经的目标。一旦发现你背弃了曾经的坚守，那么就应该马上回归到正轨，这是为了给自己一个交代，而不是为了对得起某个人。

董卿曾说："人最难的是超越自己。"的确，人很容易背叛自己，响亮的口号往往是由昨天的自己发出的，然后把未来寄托在明天的自己身上，至于今天的自己则默默躺平，这就是一段周而复始的死循环。尽管超越自己很难，但董卿还是做到了，她没有贪图曾经安逸的生活，而是在每一个人生的十字路口都毫不犹豫地朝着最难的路走下去。她经历过多次清零，从小有名气重回默默无闻，而这一切的牺牲都是为了登上更高的山峰，去欣赏更美好的风景。

董卿在事业的巅峰期出国深造，当时一些人觉得她会失去好不容易积攒下来的人气，但是董卿并不在意名气的得失，她说："我发现自己近一两年来所主持的节目在形式上有些雷同，没有太大的突破。因此，我必须再努力学习新的知识。这也促使我决定调整工作，暂时放下话筒，去海外学习深造一段时间。希望通过在美国这一年的学习能够开阔视野、更新思路，未来以更好的状态回归舞台。"

如果董卿看重名利，那么她很可能不会选择出国深造这条路，但是她是忠于自己的内心的，她在意的是自己的能力无法满足现有的舞台，所以她必须要给自己"充电"，而至于会因此失去什么，原本就不在她的考虑范围内。

像董卿这样有勇气的女性，才能真的在追求一件事物时不顾一切，其实她们原本可能很平凡，但正是这种对内心的忠诚，才让她们一路守护着自己最初的梦想走到了终点。而当一个女性越是觉察到自我的苏醒时，就越会产生强大信念去保持，正如董卿在美国留学时的感悟："当然会遇到困难，也会有孤独和无助的时候，但我相信任何一段生命的过程都有它独特的意义，就算有人不理解甚至误读……我依然认为生命的意义在于开拓而不是固守，无论什么时候我们都不应该失去前行的勇气。"

如果一个人时刻不忘初心，她在前进的道路上就不会感到孤独和寂寞，反而会越发充实，这是因为她找到了属于自己的信念。

有些女性不是不懂得为自己多付出的意义，但她们害怕在奋斗的路上孤军作战，担心会因此失去友情、爱情甚至是亲情，其实当你真的忠于自己时，就不会如此患得患失。因为高处不胜寒，为了追求内心的目标，往往不得不舍弃一些东西。关于这个话题，董卿曾说："10年前，爱情对我而言是最重要的，但现在，工作才是。"

董卿为何有这么大的底气？因为她意识到了做事情是为了自己，而为自己奋斗才能凸显生命的价值，这不是为了取悦某个人的刻意表现，而是一种发自内心的奋斗欲。董卿十分清醒地表示："工作方面，付出的辛苦一定有回报，一定会在慢慢地日积月累中有所回馈，但是感情的问题，不是说我长久地积累一个愿望，长久地为爱做一个打算，长久地坚守自己的爱情观，然后就真的可以得到。"

当一个女人把事业当成生活的重心以后，她或许会在短时间内失去一些东西，但从长远来看，她会获得更多，因为为了自己去努力，才能真正带给自己安全感和成就感，才能让一个女性排除万难地向前奔跑。

为了自己而奋斗，这会生出一种朴素的情怀，会让人自动屏蔽掉为此付出的牺牲。董卿在主持春晚过后，为了让自己技术精进，不断回放观看，细细地回味每一帧画面，看自己是否在每个细节上都把控完美。要知道对自己是最不能敷衍的，只要你懈怠，马上就会表现出来。所以，董卿会拿出十二分的努力让自己满意，她为每一次登台都做好了充足的准备。

有一次，董卿去上海主持以"全球侨胞世博情"为主题的解放日报报业集团第 34 届文化讲坛，原本在活动前安排了宴请和专访，然而董卿不想耽误准备上台的宝贵时间，于是只要了一碗面条，就把自己锁在宾馆里查阅资料，一直忙碌到凌晨 3 点。在玉树地震赈灾晚会上，董卿的讲述让人们潸然泪下但又不失力量，激励人们与天灾斗争。节目播出后，马上就有媒体领导想要董卿的主持词，然而一问才知道这是董卿自己准备的，并非台里事先写好的台本。

这就是忠于自己的奋斗精神，它不掺杂世俗观念，不会被名利烦扰，它只会让人们在岁月的陪伴下逐渐长大，当他们行云流水地走完这一生的时候，会发现自己已经在坎坷崎岖的道路上一次又一次地成长，而那些在路上挥洒而出的汗水和泪水，才是生命最美的馈赠。

4 细节决定高度

细节决定成败，这是一句耳熟能详的话，不过因为这个表达过于看重结果而显得有些功利。其实，细节首先影响的不是成功率，而是一个人的高度。正如我们在评价一件工艺品的好坏时，用料往往不是第一位的，因为只要有钱就可以买到上好材料，但是做工就不同了。虽然有钱可以聘请优秀的工匠，但工匠究竟能在做工的时候有多用心，这是很难用金钱来驱动的。工匠可以做到 100 分，也可以超常发挥做到 120 分，而这 20 分的差距往往就决定了工艺品的艺术价值。

如果把人生看成是工艺品，我们每个人都是操刀的工匠，那么你想做到 80 分、100 分还是 120 分呢？或许不同的人有不同的答案，有的人只追求尽如人意即可，所以会做到 90 分到 100 分之间；而有的人贪图省事，可能会做到 80 分甚至更低；但也有一些人，无论付出多少，都要做到 120 分甚至更高。那么，作为女性，应该给自己设定一个什么标准呢？

也许对某些女性来说，她们不想让自己活得那么辛苦，也不想让人看扁，所以做到 90 分到 100 分即可，但世间万事都是"求法其上得乎其中，求法其中得乎其下"。当你给自己设定目标为 100 分时，大概率结果会低于 100 分，而你真的要拿到 100 分的话，就要给自己设定 120 分的目标，这就是细节决定高度。

女性想要在社会上拥有立足之地，就要用自身的优势去竞争，而女性突出的一个优势就是细致，相比男性的粗枝大叶，女性的细腻如丝可以将女性敏锐的洞察力和理解力发挥到极致，让女性以细节为武器成功破局，在任何竞争残酷的领域中都有机会杀出重围。

很多职业女性会从事秘书、助理之类的职务，或许有人认为这些岗位并没有太光明的发展前景，但其实这些岗位能够给女性提供很好的学习机会，可以让她们了解行业的运行法则，可以读懂公司的内部架构，而这些都需要女性在细节上准确把握，只要做到这一点，就能成为一个团队中不可或缺的角色。

董卿对细节的追求，可以说到达了偏执的程度。不管是工作还是生活，她都会认真地把每一个环节做到尽善尽美。董卿之所以如此注重细节，和她几次尴尬的经历有关。

有一次彩排，董卿因为穿的鞋子的鞋跟很细，一下子卡在了舞台地板的接缝之中拔不出来，董卿只好一边保持微笑，一边努力地把鞋子往外拽，然而等到她台词说完了，鞋还是牢牢地嵌在地板中。还有一次，董卿主持国际杂技大赛，当时台下的观众都是外国人，董卿特意挑了一件白色的中式旗袍，自我感觉良好地走上台，结果因为台上有干冰器，地面很滑，董卿刚上台就仰面朝天地摔倒了，现场观众都看得傻眼了。

以上的几次经历让董卿认识到如果不注重细节，你的失误就可能被放大无数倍，最终影响你做出的所有努力。正是有了前车之鉴，董卿在主持《中国诗词大会》和《朗读者》这些文化内涵较高的节目时，会一遍又一遍地查阅资料，即使是早已烂熟于心的台词，她也会多看上好几遍，因为她知道一旦失误，就可能被观众认为是文化水平不高。

即便你从事的工作不需要你站在台上，受到万众瞩目，你也应该把细节做好，这样才能展示出女性独有的细腻，而一旦在细节上胜出，就会为你的整体加分许多。这不只是工作原则，也是做人的原则。

成也细节，败也细节。相信很多女性是心怀梦想的，然而能够实现梦想的人并不多，主要原因是急功近利，迫切想要获得成功后被外界认可，这种急躁的心态注定做不好细节，这并非在态度上轻视细节，而是没有养成相应的习惯。因此，做事之前先不要考虑未来能够走多远，而是从细节开始，从眼前的每一件小事开始。

当一个女性有了敬业精神以后，她们会更忠于职守，她们的认真态度会鞭策自己精益求精，最终创造不凡的业绩。换句话说，一个女性对细节的重视程度决定了她对人生的态度。当你足够尊重细节时，你才拥有攀登高峰的机会。

董卿曾说："女性在细节方面天生就比男性有优势，但是千篇一律、平淡无奇、重复、刻板的工作往往会让人产生一种刻板、厌烦和淡漠的感觉。面对这些'麻木'的工作，我们应该学会适当地调节自己，千万不要忽略细节。"

其实无论和男性一争高下还是和女性一拼高低，决定最终结果的往往不是能力上的差距，而是对细节的执着程度。以董卿为例，和她具备相近能力的主持人并不少见，但真正能把追求细节融入工作习惯中的人并不多，所以董卿才能走得更远且长青不败。

优秀还是平庸，永远都是从细节上高下立判。既然心细是女性天然的优势，就可以把这个优势充分运用到工作和生活中，哪怕你只是一个初出茅庐的新人，也可以利用细节上的把控和老手们同台竞技。

细节贯穿在我们生命中的每一天，它可能只是一份报告的装订，也可能只是一件服饰的搭配，但它会对你产生或积极或消极的影响。

董卿为什么一直拥有"优雅大气"的标签呢？这并不能只归功于她的天生丽质，也和她懂得关注细节分不开。比如董卿的指甲，就是经过精心修饰的，既干净整洁，又美丽庄重，不会以炫彩的方式抢夺视线，也不会低调得让人视而不见。在一次节目播出中，镜头扫过了董卿的砖红色美甲，这种颜色既符合她的定位，也让人感受到了她身上的气质与时尚。

董卿十分赞赏一位美国设计师的话："细节与上帝同在。"的确，注重细节的女性，不会随着时间的推移而丧失活力与光彩，反而会因为对细节的不懈追求而越发迷人。那么，董卿对细节的执着到了什么程度呢？有一次，为了找一双和衣服搭配的鞋子，她几乎跑遍整个北京，因为她知道不搭的服饰会影响舞台效果。

有位学者表示，不管他从事何种工作，哪怕是做清洁，也要像莎士比亚写剧本那样认真，让路人对自己的工作感到惊叹。其实，女性就要拿出这种态度认真面对工作和生活，不用刻意向别人展示你对细节的把控，因为细节之美往往是在不经意间呈现出来的，而当无数个细节聚集在一起时，就会让一个女人变得与众不同，生命也必然绽放出不一样的瑰丽光泽。

5 配角也可以光芒万丈

生命对每个人来说只有宝贵的一次，有谁不想成为人生舞台上那个被万众瞩目的角色呢？即便有的人不喜欢出风头，恐怕也不愿意给他人当配角。然而，现实却是"红花"很少，"绿叶"很多，能够成为主角的人似乎才被认为是成功者，大多数人只能做生活的配角。

我们不必去争辩主角和配角的定义，因为即使成为配角，也并非就黯淡无光，我们也一样能够在自己的位置上绽放光彩。如果一个女性足够聪明，她就不会为了争当主角而费心费力，而是拿着配角的剧本，用精彩的演绎让观众记住她。

绿叶的"绿"和红花的"红"，都是世界不可或缺的颜色。

在第十一届央视青歌赛上，董卿是众多主持人中的一位，和以往对比，这一次她算是配角，因为她的主要工作是照着屏幕念题。那么，习惯在各种大型晚会上当"红花"的董卿能否适应这种角色转变呢？答案当然是肯定的，董卿不仅接受了配角的身份，也把绿叶的盎然之姿演绎得光彩照人。

董卿知道，像青歌赛这种重量级比赛，选手很容易产生紧张的心理，赛场上的任何一点风吹草动都可能影响比赛结果。所以，董卿即便是做着"照本宣科"的工作，也尽量让自己的一颦一笑、一举一动和赛场上的氛围相匹配，目的就是用沉稳的语调和温暖的眼神对各位选手进行鼓励和支持，从而减轻他们的参赛压力。哪怕是遇到一件很好笑的事情，她也会拼命忍住，就是为了不让自己的表现干扰选手的情绪。

然而，作为主持人之一的董卿，自己何尝不充满压力呢？她甚至在上台之前没心思吃饭。这种重视程度可能会让人觉得她才是台上的核心主持人，但董卿面对工作时就是这种认真的态度，哪怕是配角，也要有配角的担当和责任。

很多时候，我们成为配角并非能力不行，而是机缘巧合而已，是我们不得已而为之，所以没必要对"配角"这个词过于敏感。对于一些女性来说，她们可能习惯了从小到大被人宠着、惯着的感觉，忽然间聚光灯打在别人身上，让她们一时间难以适从，这种心态可以理解，但必须尽快转换。

成为配角没什么不好，你可以把它看成是通向主角道路上的必经之地。对于女性来说，想做成一件事会面临很大压力，其中有些环节是不能犯错的，而只有身为配角的时候，才有机会去学习主角是如何成功的。如果把当配角看成是一个耐心蛰伏的过程，你的心态就会平和许多。而且，当你对配角的理解足够深刻时，你的表现也会影响主角的发挥，你并不是被动地向前走，而是有选择地规划自己的人生。

奥斯卡的最佳男女配角奖和最佳男女主角奖，其含金量都是一样的，获奖者中也诞生了很多黄金配角，比如摩根·弗里曼，他在很多影片中出演配角，却一样大放异彩。从这个角度看，即便凭你的实力可以成为主角，但在需要你去充当配角的时候，也不要产生抗拒心理，因为你的牺牲和付出是为了更大的舞台。

2017年9月3日，"董卿跪地采访"这条新闻火了。原来是在9月1日的《开学第一课》栏目中，董卿身穿白色修身鱼尾裙，在从事翻译工作70多年的翻译大师许渊冲的面前连续三次下跪。

这三次下跪并非炒作，许先生当时已经96岁高龄，董卿为了更好地和老人交流，和坐在轮椅上的老人始终保持平视和仰视的角度，于是果断地选择了跪地的动作。这个姿势被大家称为"跪出了最美的中华骄傲"，而当天的栏目主题就是"中华骄傲"。

董卿第一次下跪的时候，是向孩子们介绍许先生的英语水平，她用崇拜的目光向老人提问；而第二次是和老人谈论到工作时，许先生刚要仰头回答，董卿立即单膝跪下，和老人保持着平视的姿态；第三次则是谈到许先生每天都要解读一篇莎士比亚的作品时，董卿带着关切和心疼的语气问老人晚上几点睡觉。

三分钟下跪三次，不同的人有不同的解读角度：有人认为这是董卿对年长者的尊重，也有人认为这是出于主持人的职业素养（照顾舞台人物的关系），不过从更深层的含义看来，是董卿认识到了自己在舞台上的位置——配角。

相比一个坐在轮椅上的老人，靓丽的董卿似乎更能吸引观众的视线，董卿也完全可以把谈话的主动权放在自己这边，可这样一来就是混淆了主角和配角的地位。观众之所以选择收看这个节目，就是想了解一代翻译大家所经历的中国翻译事业的发展历程，因此许先生才是主角，而董卿要做的就是全力配合，所以才有了那三次下跪。

有些女性不想成为配角，是觉得女性本来就在封建社会中受到压榨，现在好不容易站起来了，为什么要给别人当绿叶。其实，成为配角并不可悲，可悲的是连配角的工作都没有做好，就幻想着成为主角，这和女性意识的觉醒没有关系，而是一个最基本的自我认识的问题。董卿的三次下跪展现出了她对自身定位的清楚认识，也由此得到了观众的肯定，其光环并不比主角黯淡，甚至可以说和主角相互衬托，为大家奉献出了一场精彩的节目。如果她刻意去争夺镜头的焦点，那么整场节目可能都会走向失败。

工作中，总有些岗位上的人默默无闻，需要为别人开路，而从事这一类工作的女性有很多，但她们不会抱怨自己的绿叶身份，因为她们知道这是人生的必经阶段，不管她们日后是否有成为主角的可能，只要耕耘当下，不问收获，就能无愧于内心的付出，也会让她们的配角人生变得更有价值。正如法国大文豪雨果所说："花的事业是尊贵的，果的事业是甜美的，让我们做叶的事业吧，因为叶的事业是平凡而谦逊的。"

一个女性能够将配角演绎成功，这本就是一种不平凡，因为再出色的主角也不能缺少配角的帮衬，这就是配角的价值。至于配角能否成为主角，全在个人的选择，这并不是一个非此即彼的过程，因为这个世界很大，大到完全能够包容主角和配角共同存在。

如果说董卿在成名前甘做配角是为了日后成为主角，那么在她功成名就之后，主动甘当配角就体现出了一种豁达的态度。因为在她眼中，无论站在舞台的哪个位置上，都是为了让节目变得更好，而这正是自己进入主持界的初心。因此，董卿总是能够心怀自信地甘当配角，特别是和那些资历和声望比自己更老、更大的老前辈同台时，董卿总能掌握好其中的分寸。

在《声临其境》的一期节目中，董卿作为倪萍老师的助演，展现了主持人在配音功底上的强大水准，收获了观众们的认可。人们看到了站在另一个位置上的董卿，那个她依然光芒万丈。

在现实生活中，没有谁会永远做主角，也不会有人一直都是配角，我们谈论主角和配角，无非是在谈论人生中的某些特殊阶段罢了。作为女性，不要被社会的传统思想所绑定，你完全可能成为主角，但我们不能丢失"配角心态"，要学会在适当的时机收回自己的锋芒。这并不是向强势低头，而是以平常心去找准自己的定位，因为只有位置找对了，我们发出的光和热才能有的放矢，人们才能看到我们的价值所在，而真正的高光时刻就在日后化身为主角的那一天。

眼泪是种释放

女人是水做的，所以女性生来有一种阴柔之美，不像男性那样刚者易折，她们更具有在困难环境中生存下去的勇气和韧性。当然，也正是女性的这一特质，让她们对事物的感知更加敏感，会在伤心时忍不住流泪。

虽然在传统文化中，一个女人纵情哭泣并不算什么"罪过"，但是在进入现代社会以后，越来越多的人开始欣赏影视剧中的"大女主"人设：强势、自立、果断……在职场上，她们可以和男性一决高下；在生活中，也同样说一不二。于是就有女性渐渐认同，这种具有刚性气质的女子才是现代女性的样板，而她们却很少哭泣，为的就是证明女性并不娇弱，男人能做的，她们一样能够做到，男人不能承受的，她们也一样可以承受。于是乎，哭泣似乎就成为一种带有陈旧烙印的坏习惯。

既然"男儿有泪不轻弹，只是未到伤心处"都能得到大部分人的认同，那么女性缘何要将哭泣视作软弱的代名词呢？其实无论男女，都有哭泣的权利，因为哭泣并不能够和恐惧、怯懦画等号，它只是一种正常的情绪表达，只要不是无理取闹式的哭泣，都是符合人性需求的。相反，把女性哭泣当成是一种软弱表现的思想，恰恰是从另一个角度压制女性，让她们在接受社会挑战的同时，不得不放弃表达情绪的自由。

当一个女性决心在工作中有所作为时，她必然会面对更大的压力，种种压力总要有一个释放的出口，而哭泣就是成本最低、最自然而然的选择。哭过之后，擦干眼角，那就是一个涅槃重生的自我，这样的哭泣何罪之有呢？

让一个女性放弃哭泣的权利，就是逼迫她们只许挨打、不许喊疼。

从这个角度看，越是成功的女性，越需要一个释放负面情绪的出口。

作为一位成功的主持人，在台上光芒万丈的董卿让很多女性羡慕，但她在台下所承受的压力也是一般人受不了的。董卿一年要主持上百场综艺节目，她是这样描述自己的："每天做完节目回家，突然感觉自己像火焰熄灭了一样，我一点力气都没有了，感觉力气都被抽走了。"

对董卿来说，让她感到疲惫至极的经历是在2006年底主持《欢乐中国行》。当时的董卿已经累到不能动了，因为这档节目需要在全国不同的城市举办户外晚会，董卿作为主持人，就必须全程跟着飞来飞去，其间还要坐车来回奔波。董卿在一个月里连续跑了8个城市，整个人都散架了。有一次，董卿坐在化妆桌前，看着镜中的自己，感觉已经不认识那个人了。此时，她的脑子早已麻木不堪，她不断地问自己是谁、身在何处，想着想着就哭了出来。

这是董卿的记忆中第一次如此心疼自己。虽然董卿哭了，但是她怕了吗？显然没有，因为观众看到的是精彩的《欢乐中国行》，节目深受天南海北的观众喜爱，这就是最有力的证明。

作家亦舒曾说："勇敢的人一样可以哭，且哭完再哭，不过，他们哭完之后，擦干眼泪，会站起来应付生活，而懦弱的人，从此一蹶不振。"作为女性，真的不必去效仿男性的"有泪不轻弹"，因为这是对人性的桎梏，是违反人的心理建设机制的。负面情绪如果得不到排解，它不会自行消失，只会越积压、越严重，最终危害你的工作和生活，产生更大的破坏力。

如果说照镜子那次是"被动哭泣"，那么董卿还喜欢"主动哭泣"，她平时只要有时间，就会观看一些经典的悲剧，看到动情之处就会流下眼泪。董卿认为，看这种悲剧的电影，对她来说就是情绪宣泄的渠道。作为一名主持人，她在台上总要保持喜庆和欢乐的姿态，不能传递给观众负面情绪，久而久之就会压抑自己的正常情绪，所以她必须通过一些出口排泄心灵中的"垃圾"，从而清空自我，净化灵魂。

在现代社会，女性已经走出家庭，而家庭之外的世界是复杂的，它可能对女性充满恶意。那么，一个女人如果长期被负面情绪折磨，却不得宣泄，必然会变得憔悴和疲惫，这种负面状态还会影响女性的未来发展，形成恶性循环。所以，女性不要被某些男性特质绑架，要坦然地把哭泣当成天然的权利，在合适的时间和地点用眼泪缓解压力，让哭过之后的自己勇敢且快乐地面对生活。

从科学的角度看，哭泣是缓解情绪的一种方法，我们可以通过泪液的排出，减少疾病的发生。因为当一个人压抑情绪时，体内会产生一些对人体有害的生物活性成分；而在我们哭泣之后，这些有害成分的强度就会降低40%，从而让我们快速恢复正常状态。

泰戈尔曾说："只管走过去，不要逗留着去采了花朵来保存，因为一路上，花朵会继续开放的。"其实，眼泪就像是我们用来致敬走过的路的花朵，我们把它留在了过去，是为了纪念曾经的牺牲，而在明天的前路上，我们还会遇见更美丽的风景。

作为一个成功女性，董卿也曾经在一些节目中出现失误，这对于追求完美的她来说是很大的打击，她也曾经整夜整夜地为自己的失误而伤心难过，但她并没有就此颓废，她可以为失误而流泪，她可以为犯错而懊恼，但她不能被这些负面情绪所左右。因为她还会再次站到那个属于自己的舞台上，如果没有过去的挫折，如何成就今天的美好呢？

董卿就是怀揣着一颗积极向上的心，才能在洒过热泪之后，重新面对生活中的全部挑战，将每一次失误当成人生的历练，于是越挫越勇。在这种强大的意志力之下，一个自我修复的内核就重新建立起来，眼泪就成为走向新生的路标。

或许在别人眼中，你已经活成了大家羡慕的样子，但没有人看到你为此付出时的疲惫面容，更不可能了解你内心留下的创伤。既然别人无法和自己共情，那又何必在意他人的目光呢？你需要学会心疼一路艰难而行走到今天的自己，所以找个合适的机会放声哭泣吧，这是对自己的一种安慰和鼓励。因为你知道这并不代表自己向命运表示屈从了，你不过是用眼泪告慰曾经满身伤痕的自己，让自己在释放压力和坏情绪之后，为下一次奔跑攒足健步如飞的力量。

第六章
处世不慌不忙

1 凡事尊重为先

张爱玲曾说："善于低头的女人，才是最厉害的女人。"

所谓"低头"，并不是让女人畏惧和退缩，而是对人、对事保持尊重、平和与宽容的态度。它并非用封建社会的观念去束缚女性，而是让女性在现代社会中展示出新女性的修养。这种修养是由内向外的，能够让一个女人以大方得体的优雅姿态行走于世。

一个女人可以貌不出众，也可以能力平凡，但不可以缺乏教养，更不可被"小公主"的人设绑定，成为一个惯于颐指气使的高傲女人。事实上，任何人都有被尊重和认同的心理期待，而不是被人冷落和忽视。作为现代女性，不能因为女权意识的觉醒而盲目地凸显自我，漠视他人的感受，只有以不卑不亢和落落大方的举止参与社会活动，才能赢得更多人的尊重和喜爱。

这个世界上除了父母，没有什么人会无怨无悔或者无欲无求地帮助我们，所以我们要把"应该做"这个词从语言表达的词库中永远删除。要对他人以礼相待，而不能理直气壮地认为这是对方应该做的，要真诚地说出"谢谢""打扰了"乃至"对不起"这些话,这是最基本的礼貌。

有一次,在《中国诗词大会》的节目现场,一位身体残疾的女孩登台,她叫张超凡,尽管她缺少了一只手臂,却非常自信和乐观,还用"自信水流东,花开半夏"来勉励自己。当张超凡谈起童年时代因为身体缺陷而经历的不愉快的往事时,现场的观众不免潸然泪下。如果是其他主持人在场,很可能会借着这个机会调动大家的情绪,让观众和张超凡一起共情,让全国观众在眼泪中看完这期节目。但是,这样的演出效果真的好吗?

答案显然是否定的。此时站在台上的主持人是董卿,她用实际行动证明了盲目煽情并不会带来最佳的演出效果。在张超凡讲述不幸的童年遭遇时,董卿的脸上却挂着淡淡的笑容,就像对待其他选手一样去欣赏这个坚强的女孩,她没有滥用任何表达同情的词藻和行为,最后给了张超凡这样的点评:"其实我们每一个人都不完整,只不过有些是看得见的残缺,有些是看不见的。但在你身上最宝贵的是,你用你的乐观、坚强、勇敢去追求了一颗完整的心灵。"

这一番话让观众忍不住为董卿点赞,因为人们立即感受到了董卿所表达的人性关怀。换位思考一下,如果你是一个残疾人,真的喜欢大家用眼泪来关注你身上的不幸吗?其实,你会更加害怕人们把注意力放在自身的缺陷上,因为眼泪除了代表同情之外,还代表着怜悯,而怜悯对于一个自强自立的女性完全是多余的。

有心理专家表示,当我们和残疾人交往时,不必将自己的怜悯之心传递给对方,这样只会让对方感到不适,所以只需要平等地表达即可，因为这从客观上就认同了"其实你和我一样"，这种平等之心才是对残疾人最好的尊重。作为一名优秀的主持人，董卿准确地理解了尊重的含义，她用平和的语调表达了对一个残疾女孩的肯定，让现场气氛在正常的状态中酝酿出人性的关怀。

这样的董卿，就是一个温婉待人、心思细腻且不矫揉造作的人，观众和选手能不喜欢她吗？

一个有修养的女性是善解人意的，她不会滥用同情心。无论面对何种遭遇的人，都能以平和之心与其沟通和交往，将心中的善意和暖意传递给对方，不会因为一时的情感波动狂飙眼泪。当然，修养不是一蹴而就的，也不是简单的懂礼貌，它需要我们在漫长的人生中慢慢打磨，通过学习和思考来强化，最终体现在待人接物的每一处细节之中。而这些细节就是一个人修养的缩影，无论走到哪里都会熠熠发光，不会被时间击败，只会随着岁月的流逝而越发耀眼。

董卿在《朗读者》的筹备录制过程中，和团队经过了一番漫长的磨合，虽然成员都是行业精英，不过毕竟人无完人，偶尔犯错也是难免的。当时团队里有一个女孩，专业能力出色，就是做事有些毛躁，不太注意细节，导致在节目录制中犯了错。面对这种情况，董卿虽然心有不满，但还是本着尊重对方的态度，没有直截了当地批评对方，而是温和地向女孩提出建议："疏忽细节常常会闹笑话，你也不愿意闹笑话吧？马虎就像放大镜，能把错误放大无数倍，你愿意当个放大镜吗？"

董卿的这番话让女孩不好意思地笑出来，平和地接受了董卿的建议，从此工作非常认真，没有再犯错误。如果当时董卿劈头盖脸地批评对方，女孩虽然不会反驳，但面子上受到了伤害，以后如何与团队成员相处呢？正是董卿对女孩的尊重，才让对方愿意接受建议，这就是对人性关怀之后所产生的积极效果。

睿智的女性，会在态度和语言上下功夫，她们会用和颜悦色的方式去表达自己的意见，会用巧妙婉转的语言让对方改正错误，而当她们表达了尊重时，对方自然就不会产生抗拒心理，会以实际行动来回报这种尊重。如果人与人之间都充满尊重的温暖气息，我们即使作为旁观者，也能感受到世界的美好。

有一期《中国诗词大会》上来了一位只上过几年学、却喜欢诗词的农民大叔。初次登上万众瞩目的舞台，这位大叔自然有些拘谨，毕竟他的文化底子有些单薄，担心会在这个舞台上出丑。作为主持人的董卿敏锐地察觉到了这一点，她温柔地对观众们说："因为那诗啊，就像荒漠中的一点绿色，始终带给他一些希望、一些渴求，用有限的水去浇灌它，慢慢、慢慢地破土，再生长，一直到今天。"这番话让观众在一瞬间理解了这位喜爱诗词半辈子的农民，自然而然地放下了偏见和刻板印象，接下来，董卿又微笑地鼓励大叔："所以即便您答错了，那也是这个现场里一个最美丽的错误。"

董卿短短的几句话，不仅鼓励了选手，也给了他进退自如的勇气，而这一切都是源于对大叔的尊重，现场的观众忍不住为董卿的情商和修养点赞。

尊重不是做给别人看的，而是发自内心、形成习惯的一种自然反应，也正是这种下意识的行为，更能让他人感受到尊重的魅力。

董卿在 2013 年采访了一位坐在轮椅上的"最美警察"李博亚，这位"最美警察"因为救人导致双腿被轧断,董卿在采访的时候保持半跪的状态,这种对英雄的尊重引来无数人的肯定和称赞。那一刻,董卿的下跪没有迟疑,没有尴尬,全然是出自一种本能反应,因为她已经将尊重他人刻进了行为习惯中。

渴望被他人尊重是人的天性,而尊重的具体表现不是固定的。生活中,有些女性在待人接物上看似礼貌,但其实细细品味之下,这不过是一种客套的距离感,并不是发自内心的。所以,尊重他人要从对方的立场切入,不能以自己理解的方式去表达,否则这样的尊重是缺少温度的。

在《朗读者》第二季,董卿在凤凰古城邂逅了画苑大家黄永玉。当时黄永玉已经到了耄耋之年,虽然白发苍苍,骨子里却是不服老的,性格很像《射雕英雄传》中的老顽童。因此,董卿在和黄老初见面时,并没有按照一般规矩称对方为"黄老"或者"黄大师",而是笑着称其为"那个比我老的老头儿"。

原来,黄永玉多年前曾经出版过一本名为《比我老的老头》的书,所以董卿叫的这声"老头"是有出处的,不仅没有惹老人生气,反而变相地表现了自己的尊重与认同,拉近了和黄老的距离。在之后的采访环节中,两人相谈甚欢。

如果董卿没有事先做功课,去了解黄老的经历,只是生硬地叫一声"黄老先生",这样的称谓虽然谈不上不妥,但也无法让黄老感受到被重视和被关注。所以尊重这件事,是要从细微的小事入手,不是简单地遵循一套礼貌交谈的模板就足够了,它需要深入对方的内心世界,才能真正让对方动容。

修养是一种潜在的品质,它可能不如娇美的容颜那样直接吸引人,但只要相处久了,它就是最能吸引他人的优秀品质,也是一个现代女性修炼自身的结果。它可以让女性由内向外地散发出美丽的光芒,让每一个和她接触的人都会被滋润和感动,因为只要和这样的女性相处,人们就会感受到由衷的喜悦与和谐。

开口之前先三思

著名成功学大师卡耐基曾说:"很多人为了让别人的意见同自己保持一致,他们往往采用了一种错误的策略——说话太多。"

生活中,的确不缺少能言善辩者,但口若悬河就是正确的处世之道吗?想想某些不请自来的推销员,他们还未等你开口,就喋喋不休地推荐产品,难道你会被这种"口才"打动吗?显然不会,因为对方只顾着自己表达,却没有在开口前了解你是什么样的人、真实的需求是什么,这样的沟通只能是单向的,几乎不会有任何正面效果。

现代社会给了女性更多走出去的机会,她们可以和男人一样拥有自己的社交圈子,也可以广泛地接触各类人群,这就不可避免地涉及沟通技巧的问题。对于一些女性来说,她们为了抢占沟通的主动权,往往会不假思索地率先开口，看上去沟通能力很强，但其实并没有抓住对方的心。相比之下，另外一些较为成熟的女性，她们不会急于开口，而是先耐心地观察并倾听对方，在有了一定的了解之后，再组织语言进行沟通，这样的表达效果就会正面许多。

说出去的话，如同泼出去的水，在大多数情况下是很难收回的，作为一个懂礼仪、讲分寸、知进退的新女性，不要过分强调先开口说话的权利，而是要保持住一颗沉稳之心，先让大脑动起来，再让嘴巴动起来，这样才能真正在沟通中掌控主动权。

作为一名职业主持人，董卿自然拥有超出常人的口才，但口才不是用每分钟说出多少词来衡量的，而是用沟通的质量来衡量的。董卿善于说话体现在她擅长精炼自己的语言，不需要说得太多，就能牢牢把握沟通的主题，同时给别人更多的说话机会。

在《朗读者》第二期中，节目组邀请了一位野生动物饲养员来朗读。当时，董卿站在舞台中央，亲切地和从观众席走上来的饲养员大哥握手。紧接着，董卿就自然而然地过渡到开场白，和大哥聊起了他最擅长的领域，比如他喜欢哪一种野生动物等等。按照一般规律，这样的沟通逻辑会慢慢消除对方的紧张感，从而将话题充分打开，但是饲养员大哥还是被这种大场面弄得有些紧张，在回答董卿的问题时，表情比较僵硬。

面对这种情况，董卿没有马上用直白的语言去鼓励对方"别紧张"，因为这样的表达看似是在关心对方，其实反而会让对方意识到自己处于紧张的状态中。于是，董卿急中生智地问对方："您觉得自己像什么动物？"这样一来，董卿就成功地把话语权交给了大哥，而且谈论的话题又是他最擅长的。终于，大哥在董卿的正确引导下，慢慢适应了舞台的氛围，开始认真回答董卿的问题。当董卿发现大哥的状态恢复以后，又引入到主话题上面，问大哥和他喜欢的动物有什么感人的故事。这时候，饲养员大哥基本上摆脱了紧张的状态，在讲到自己的故事时，抑制不住地流下了眼泪，赢得了现场观众的掌声。

如果董卿习惯性地用安慰之类的话让饲养员大哥平复情绪，就会继续加深对方的紧张情绪，因为谈话的主题仍然聚焦在对方的状态上，也会让观众不自觉地注意到这一点，在这种情况下，再切换到谈话主题是非常困难的。所幸的是董卿在开口之前认真权衡了利弊，最后采用交还话语权的方式，消除了对方的紧张感。

在某些人看来，一味让对方开口，让对方表达观点，这不是把自己的沟通主动权交出去了吗？其实这种观点是错误的。所谓沟通的主动权，并不在于你说的话占比有多高，而是你对整场谈话的引导能力。就像董卿引导大哥谈论发生在自己身上的故事时，她只需要几句话就能决定大哥下面的讲话内容，这就是占据了主导权，而且是善意的引导，让对方向观众展示自己最吸引人的一面。

生活中，有个别女性总喜欢以咄咄逼人的姿态和对方沟通，认为这才是强势的表现，其实越是这样盲目地输出语言，越容易引起对方的反感，而且还会暴露出自己的很多缺陷。开口之前多思考一下，或许就会找到更直接、更简单的沟通方式。

主持人窦文涛曾说："做主持人，少说一句比多说一句强。"其实这里提到的"少说"并不是指主持人要多保持沉默，而是在说话的时候留意对方的表达，借此来组织接下来的沟通语言，这样才能确保谈话顺利、和谐地进行下去,而不是全凭感觉地乱说一通。让对方先开口、多给对方表达的时间,这不仅是一种尊重的态度,也是在谈话中修正自己沟通策略的技巧,它可以让你掌握说服对方的办法,也可以帮助你提升表达的质量。

开口之前三思,既是一种沟通策略,也是一种处世哲学。这个世界比我们想象的要复杂,很多看似熟悉的人和事,往往都有不为人知的另一面,如果我们想当然地盲目发表观点,很容易引起对方的不适,也会显出我们的不成熟。那么,作为一个举止优雅的女性,更不能被贴上"口无遮拦"的标签,这个标签会影响你在工作和生活中被重视的程度。

越是经历过生活考验的女人,越会在沟通中惜字如金,而那些天真烂漫的女孩则会错误地把说话当作测试学问深浅的量尺——她们以为说得越多,懂得越多。其实,说话要说到别人的心坎上,扫射式的谈话只会让人觉得你对人缺乏起码的尊重。睿智的女性在每次开口之前,都会考虑自己说的内容是否合适,因为这关系到她们和对方的关系以及社会对自己的评价,我们不能为了凸显个性而完全不在意这些评价。

有一次,董卿在《挑战不可能》这档节目中担任嘉宾,看到一个整容的女嘉宾之后,她很想知道这个女孩为什么要整容。如果换成别人,可能会脱口而出"为什么要整容啊"之类的话,但是董卿用了一个"非自然生长"作为沟通的关键词,让现场的观众纷纷赞叹她出色的沟通能力。

其实,高情商往往是由谨慎来支撑的。对于一个女性而言,渴望变美是再正常不过的诉求，如果用"整容"这个词，会让对方有被冒犯甚至是被伤害的感觉，所以董卿在开口之前深思熟虑，用了一个很有新意又很委婉的词汇，既表达了尊重，又提出了问题。

有智慧的女性，通常说话都是有分寸的，她们会照顾对方的情绪，而不是把"快人快语"当成所谓的个性去伤害别人。一个在聊天中只考虑自己而忽视他人感受的人，只会被人看成是自私自利的存在，让大家避之不及。

董卿自从1994年走上荧屏，在此后20多年的时间里，她主持过的节目数不胜数，是主持界当之无愧的赢家。无论是做现场直播还是录播，董卿都极少说错话，甚至有人统计在20多年的时间里，她出错的次数也不过10次而已，这个数字相比于董卿的从业时间简直可以忽略不计。董卿之所以能够做到如此优秀，都是因为她习惯三思而后言，在每次说话之前，都要先稍稍停顿一两秒，将准备说的话在脑子中过一遍，检查是否存在逻辑漏洞以及不礼貌等问题。这样的沟通习惯自然让她的话几乎达到无懈可击的地步。

同样的意思，用不同的方式说出来，往往会给人截然不同的感受。很多时候，一个人说话的内容其实没有问题，但由于没有在说出口前组织一下语言，导致表达出了问题，破坏了原本和谐的沟通氛围和人际关系。当我们习惯一吐为快之后，就会逐渐把关注的重点放在自己身上，开口前若不三思，其实就是我们对待世界的态度出了问题：肤浅、冲动、缺乏敬畏之心。想要从容体面地走完这一生，就要从修身洁行开始，而高质量沟通就是需要率先修炼的技能。只有三思后言、三思后行，我们才能以端庄的态度面对人生，成为让人羡慕的赢家。

3 以平常心面对批评

思想家奥古斯丁曾说:"一个人最大的智慧就是勇于承认自己无知。"的确,人的一大弱点就是不愿意接受别人对自己的负面评价。人们很看重他人对自己的看法,特别是女性更在意社会评价,这当然有传统观念的影响,让社会对男性更包容,而对女性则更为挑剔。

虽然我们不能完全无视社会评价,但也不必对这些评价产生过激反应,尤其是那些并没有恶意、仅仅是针对我们犯的错误所提出的批评,我们是需要用平常心去面对的。一个能够以平常心面对批评的女人,是大气的、光明磊落的,她身上会散发出有魅力的神采;而一个不能接受任何批评的女性,会被认为是傲慢无知的。

平和与谦虚,是一个女性身上最突出的品德,比姣好的容貌更能吸引人们的注意力,因为没有谁能长期容忍一个自视甚高的女性。相反,那些愿意接受批评指正的女性,才真的让人肃然起敬,特别是那些自身已经取得成功的女性,坦荡地面对合理的批评使她们更具有王者风范。

第六章 处世不慌不忙

董卿在成为家喻户晓的主持人之后，并没有放弃过去虚心以求的姿态，她从来没有因为自己出名而趾高气扬，因为她懂得"胜易骄，骄必败"的道理。在工作中，董卿总是能够直言自己犯过的错误，对别人提出的意见也能欣然接受。

在2010虎年元宵晚会上，董卿错误地把欧阳修的名句"去年元夜时，花市灯如昼。月上柳梢头，人约黄昏后。"中的"昼"字念成了"书"。节目播出后，剧作家魏明伦马上通报媒体，为董卿纠错。其实，如果不去较真，或许这件事就过去了，但是魏明伦作为剧作家指出问题没有错，而董卿在得知后，也没有丝毫的怨言，第一时间给魏明伦发送了一封道歉短信："魏明伦老师，您好！好久不见，一切可好？首先对您指出我在元宵晚会上的错误表示感谢。我的确是把'花市灯如昼'说成了'花市灯如书'，非常遗憾，也万分抱歉，您的指正，不仅及时纠正了我的错误，也为我今后的工作敲响了警钟。"

董卿不仅从私人层面向魏明伦表示歉意，又马上通过媒体表示了自己的态度：在日后的工作中，会更加严谨务实，不再犯类似的错误。作为一名金牌主持人，能够在事件发生后，火速地道歉并发表声明，可见董卿在面对批评时，态度非常端正，没有任何架子。如果换成一些好面子的人，或许不会如此干脆地承认错误，更希望通过冷处理的方式蒙混过关，但这样的心态显然是错误的。

事后，人们问魏明伦对董卿道歉信的看法，魏明伦说："我认为董卿道歉态度诚恳，敢于认错，敢于承担责任，我要向她致敬！"

有一个很难被忽视的现象：仿佛女人更喜欢被人夸奖，而不太容易接受批评。造成这种现象的原因是人们通常认为男孩子脸皮厚，所以在家庭教育和学校教育中，对待男生往往不留情面，而对待女生则会口下留情，所以女性对批评会更加敏感一些。遑论这种做法本身的对错，关键在于我们要正视批评的意义：只要它能够帮助我们发现并纠正身上的缺点，这个批评就应当被接受，虽然这个过程会比较痛苦，但短痛总比长痛好。

平常之心代表着谦逊之态，而成为一个谦逊的女性，就会给人留下很好的印象，让人们愿意和你沟通。那些对批评动辄反驳的人，虽然不再有人对其提意见，但也永远失去了成长的机会，最终坑害的是自己。正如董卿所说：受到批评其实是一件好事。何谓"好事"呢？其一是有人在关注你，所以才能发现你犯的错；其二是接受批评以后，能够少走弯路，避免陷入意外的危机；其三是如果在批评中不断成长，那么会在一个领域中逐渐升级为佼佼者。

在 2009 年的央视春晚上，董卿在报幕相声《五官新说》时，将"有请马（季）先生的儿子马东"说成了"有请马先生的儿子马季"，当时她并没有察觉，直到晚会结束之后，董卿才发现全国的网友都在指出她的这一错误，有人甚至表示她应该公开道歉。平心而论，这是典型的说走嘴，并非那种知识性的错误。但是，随着网络的普及，春晚的曝光率和信息传递速度大增，董卿感受到了来自各地网友的压力，她在回忆起这段经历时表示："我主持完节目回家后，反省了很久，第二天在不安中醒来后，眼泪还是不由自主地夺眶而出。"

作为一个完美主义者，董卿不允许自己在节目中犯错，更不要说春晚这种级别的重要节目，所以她在深深的自责和懊悔中度过了大年初一。后来，董卿在央视春晚幕后导演组的研讨会上，诚恳地向导演郎昆和马东以及全国的观众道歉。在元宵晚会上，董卿继续担当主持人，她在马东上场时，再次就口误向马东和全国观众道歉，马东感动地说："为了我们爷儿俩的名字，董卿这个年都没有过好！"随后现场爆发出热烈的掌声，董卿终于从口误的阴影中走出来。

人非圣贤，孰能无过。犯错对任何人来说都是不可避免的，关键在于如何去面对它。作为当事人，我们都希望错误不被人发现、不被人指责、不被更多的人关注，可现实往往事与愿违，我们越是逃避，就越逃不掉，与其把自己逼到如此被动的地步，不如坦然接受。董卿没有回避自己的口误，没有多做解释，而马东和观众们也能谅解这个错误，所以真诚地道歉之后，事情就真的过去了。

不愿以平常心接受批评，或许是因为执着于打造一个完美的自己，但我们需要认识的就是"不完美的自己"。无论你怎样看待，那个自己就在那里。端正态度，摆正心态，以平和的出世之心去接受，才有辉煌入世的可能。

现在有一些女性平时被宠惯了，很难接受外界的批评，甚至在别人指出后会据理力争，反而制造出了新的矛盾，这就是得不偿失了。其实，一次合理的批评不会毁掉你，目空一切才会吞噬你，正如莎士比亚所说：知错就改，是永远不嫌迟的。

西方有一句谚语：恭维是盖着鲜花的深渊，批评是防止你跌倒的拐杖。人生的旅途如此漫长，即便没有人主动过来批评我们，我们依然会犯错误，而且还可能毫不知情，这对我们的未来发展是极为不利的。或许我们会因为一时的批评而心生羞愧，或许对方的话语过于直白，但这些都不是我们拒绝批评的理由。作为一个现代女性，既然要懂得好好地活出真实的自己,就要有面对真实的自己的底气,这才配得上"擎起半边天"的称号,尽显巾帼本色。

4 用机智为别人解围

生活中总有一些意想不到的情况发生,可能无伤大雅,也可能关乎某些人的面子。我们作为旁观者,如果能够在当事人陷入尴尬的困境时,迅速做出反应,那就是将他人从水火之中成功解救出来。

人们把那些善于社交的女性称为"交际花",主要就是因为她们能够游刃有余地面对各种社交场景,特别是擅长帮助别人解围,同时给自己树立了良好的社交形象。从这个角度看,交际花是充满正能量的,她们是一种机智善辩的女性,拥有超乎常人的灵活反应能力。当然,我们不是倡导做一个工具人式的交际花,而是要以出色的应变能力为自己开拓良好的社交环境,为我们未来的发展铺平道路。

或许有人认为,尴尬的场面并无大碍,坦然面对即可,但其实有些场合的小问题一旦处理不好,往往会引发蝴蝶效应,最终波及的不只是当事人自己。正如衣服上出现一个洞,普通女人会在上面打上补丁,一眼便能看到,而聪明的女人会在上面绣上一朵花,反而增加了独特的想象空间。

作为一位主持人，董卿经常会遭遇表演者发生失误的场面，这些都在考验她的临场应变能力。在2009年春晚的第一次彩排中，青年美声歌手王莉上场时忽然摔倒，整个人单膝跪地。尽管王莉拥有较为丰富的舞台经验，小小的意外没有影响她之后的表演，然而整个现场氛围还是不免有些尴尬。董卿并非现场唯一的主持人，本可以不去处理这个小插曲，但考虑到央视春晚的大局和王莉接下来的排演，董卿还是毅然站出来化解危机，她马上说了一番充满睿智色彩的话："刚才歌手王莉不小心摔倒，好在没影响到她的演出。其实春晚就是这样一个舞台，能站在这里的都是最优秀的演员，大家都是摔倒了又爬起来，才走到这里的！"

这就是聪明女性的临场应变能力，她们不仅能够改变现场的不良氛围，还能让当事人尽快从负面情绪中走出来，展示出自己最优秀的一面。而放在整个晚会的层面上来看，这种救场和解围其实是在帮助每一个参与者。

或许有人觉得，当别人出丑时，睁一只眼闭一只眼似乎对当事人更有利，因为一旦提及刚才的尴尬，反而会引起大家的注意。但这种情况只适用于两个人的场合，一旦出现第三个人，那么谁也无法保证第三个人的心理活动，而如果被更多的人看到，所谓的冷处理只是一种懒惰做法，和不作为没有什么区别。

人生在世，免不了会犯错。当我们自己遭遇尴尬的窘境时，必然希望有人替自己解围，但本着"人人为我，我为人人"的原则，只有我们先在他人遇到问题时伸出援手，才有资格期盼别人对我们施以帮助，如此才能创造一个良性循环的社交生态。

在有一年的元宵晚会上，小沈阳在表演结束后下台，结果由于不小心，没有站稳，摔了下去。站在旁边的董卿马上为小沈阳解围："小沈阳是在逗咱们，其实他到哪表演都摔。"简短的两句话让观众禁不住对她的睿智报以热烈的掌声。

美貌与睿智相比，的确更能吸引别人的注意力。但是对于有品位的人来说，会更看重睿智的价值，因为它能够从内在真正提升一个女人的高级感，也会让一个女人不被人认为是"花瓶"。董卿能够成为央视常驻的"台柱子"，和她的美貌气质没有直接关系，而要归功于她在关键时刻挺身而出的能力。而她在危机时刻的表现，已经不能简单地理解为睿智，这是一种勇气和力量，会让大家对她产生极度的依赖感。

在2009年春晚第二次定妆彩排时，在大型歌舞节目《蝶恋花》的表演过程中，由于现场LED屏幕延迟而出现了卡壳，导致节目一时间无法正常进行，现场的观众也一片哗然。就在这时，董卿立即开动脑筋，用幽默的话语向观众做出了解释："这个技术应用到舞蹈中还是第一次，既然是第一次，就得面对许多问题。我们稍等一下。我觉得今天现场的观众是最幸运的，你们看到的这个，其他观众看不到，这是真正的幕后。"这番话刚说出口，观众们就立即鼓掌喝彩。

人生路漫长而曲折，很多时候我们都需要依靠团队的力量才能走完一段路程，而这时互帮互助就显得分量十足，它能够让我们所在的团队产生更强大而持久的凝聚力，同样也会助推我们行走得更远。当然，要做到这一点并不容易，我们需要学会察言观色，在问题刚发生时就快速制订对策，这样才能在最佳的处理时机解决问题。

和男性相比，女性有温柔、和平、善解人意等诸多优点，能够在一个团队中起到黏合剂的作用，很多融洽和谐的场面往往都是靠着女性的打圆场而诞生的，这是女性最突出的社会价值之一。现代女性当然也可以借助这种优势彰显自己的重要性，久而久之就会成为团队中最受欢迎的人。

有些女性并不是不懂打圆场的重要性，而是不懂得如何发现社交危机并及时化解。其实这需要一个学习和锻炼的过程，我们要善于从那些擅长社交的女性身上学习这方面的优点，也要在平日的社交中养成观察他人的习惯，这样就能在大多数人没有察觉问题时，就提前做出预判，给自己留出周旋的余地和时间。

在一期青歌赛的现场，一位藏族歌手在综合知识问答环节表现得不尽如人意，因为他听不太懂普通话，哪怕有翻译帮忙，也无法很好地理解评委提出的问题，很快台上台下就变得异常安静，空气中充满了尴尬。董卿马上察觉到这种氛围，笑着说道："其实他听不懂我们的话，正如我们听不懂他唱的藏歌一样，但是他今天为我们带来的是中国海拔最高地区的歌声，他歌声里的感情我们听得懂。其实，此刻他听不懂我们在说什么，来到这座城市时，他感到的是陌生，我们该给这样质朴的歌手更多的关怀。即使听不懂，但是歌声没有界限，情感没有界限，相信我们的关怀他一定听得懂！"

聪明的解围，就是为当事人寻找一个合情合理的理由，让其他人感到无懈可击又人情味十足，这样才能让当事人成功地摆脱尴尬，而不是简单地转移注意力，那样只能短暂地缓解尴尬，对于当事人来说，依然没有解开心结。董卿的解围之所以十分高明，是因为她从不回避问题本身，而是能够从一个全新的角度去解释尴尬的原因，让人们产生全新的认识，把所有的不和谐当场消化掉。

世界上最好的教养就是不让人难堪，采用不动声色的方式帮人解围，而在事后也不会居功自傲。董卿的每次化解都是如此，话语中包裹着三分的安慰和七分的鼓励，让当事人暖心，让旁观者舒心，而且事情过去就不再提及，这种涵养其实是一种处世心态的体现。

良好的处世心态是不管发生何种意外，都能保持淡定之心，这样才有机会展示出你睿智的一面。有些女性原本冰雪聪明，但面对突发状况时就乱了手脚，即便有智慧、有口才，也发挥不出来，这就是处世心态修炼得不够而造成了能力短板。

在《中国诗词大会》的一期节目中，一位歌手在现场问答环节中，不断被问到几个古代诗人的名字，结果他都只能尴尬地回答"不知道"，导致台下的观众也跟着一起尴尬。这时，董卿风趣地说："我们听到的所有诗人都叫一个名字——不知道！"其实，如果董卿也跟着观众一起尴尬，她的心态就不会沉稳，也很难想出替歌手解围的话术，所幸的是她经过多年的人生修炼，早就把这种尴尬场面当成了小场面，因此才能迅速地想出对策。

替别人解围，就是在替我们自己解围。作为女性，在工作和生活中总会面临突如其来的变故，我们就要学会摆脱"女性是弱者"的刻板偏见，先保持心态的镇定，然后再用睿智的对策去化解危机。这样不仅能够帮助他人从窘境中走出来，也能展示自己多年积累和磨炼的深厚应变能力，用事实证明女性在应对意外状况时，也可以保持冷静的心态和缜密的思维，洗刷掉社会对女性的偏见认识，成为一个受人尊重的气氛调节者。而从做好一个调节者开始，我们接下来的道路就越发宽广，因为我们已经养成了处乱不惊的超强定力，不再有任何障碍可以阻挡我们前进。

有大局观，把控全局

高尔基曾说："负责任，是一个人最基本的品质。如果我们放弃了责任，也就等于放弃了整个世界。"那么，什么是责任？责任如何在一个人身上体现出来呢？

责任是一个人身上为完成某件事而肩负的使命，也可以是对某个人的承诺，但这些都是"小责任"，人还有更重要的"大责任"。打个比方，一个人完成日常工作是小责任，但这份工作可能关系到整个公司某一个项目的正常运行乃至在行业中的口碑，当你把视角放在这个高度时，你所肩负的就是大责任，而这个视角就被称为"大局观"。

大局观并非"高大上"的词汇，它可以体现在每个普通人身上，尤其是在女性大量参与社会实践的今天，一个女人所承担的职业责任和社会责任并不会少于男性,那么为了兑现承诺、完成使命,女性也应该建立属于自己的大局观。

一个有大局观的女性,会比那些缺乏大局观的女性有更明确的人生目标,她们不仅能经营好家庭,也能处理好工作,更有可能在社会上发挥重要作用。大局观决定了一个人遵守社会规则的精神,本质上也是一种契约精神的体现。不过,有些女性可能思想还受到传统观念的影响,认为女性缺少足够的话语权,在社会活动中也扮演不了重要角色,所以没必要去谈大局观。实际上,大局观和性别无关,对于女性来说,如果主动放弃大局观的培养,就是在客观上将自己从社会活动中的关键位置上剔除出去,将权力交还给了男性,这种思想是非常有害的。

掌握大局观的女性,就能够在诸多社会活动中占据核心位置,因为人们会愿意与这样的女性共事,甚至听从她的领导。

有一年,董卿负责主持公安部的新年晚会,其中有一个环节是邀请六位英雄模范给全国观众拜年。可董卿拿到的资料非常少,只是简单介绍了这六位英模的名字和头衔,于是董卿立即去网上搜索这六位英模的详细信息,最后向导演提议:"用一句话向观众介绍每一位英模,因为我想告诉观众,这六位英模的敬礼是用生命、用对国家和人民的无限忠诚换来的。"导演知道董卿做好了充分的准备,但考虑到晚会时间有限,加入这个环节可能会影响后续节目的时间安排,然而董卿据理力争,终于说服了导演。当然,为了节约节目时间,董卿一夜未合眼,将这些资料尽可能浓缩成精华。

晚会结束后，大家得知董卿查找资料的事情，有些人表示不理解，认为既然导演想要简化流程，何必再给自己增加额外的工作负担呢？对于这种疑问，董卿的解释是："站在这里，尤其是站在央视这样的平台上，我不是来沽名钓誉的。主持不是作秀，主持人的责任是提供信息、提供情感、提供思考空间。"

本来，董卿可以不提出任何主张，按照既定的安排完成这个晚会环节，自己还可以安安稳稳地睡一觉，但是董卿考虑的是在央视的舞台上，如何让全国观众进一步认识那些在岗位上无私奉献的英模们，这关系到大家是否会发自内心地了解和尊重他们。如果草草介绍一番，很难达到这样的效果，所以董卿才不遗余力地劝说导演进行了内容上的调整。

这就是董卿的大局观，此时的她考虑的不只是自己的主持工作，而是站在整场晚会甚至央视这个大舞台的角度去思考问题。这种大局观也让她的建议起到了正面作用，全国观众通过对英模的简短介绍，了解了他们背后的故事和心路历程，这样人民群众记住的才是一个个有血有肉的鲜活人物。

大局观代表的是一种处世态度，它绝不只局限于某些重要的或者特殊的岗位，每个普通人都可以在自己的工作中找到更高一层的视角。特别是对女性来说，能否具备大局观代表着是否真正和现代社会相融合，也决定了一个女人在社会实践中是主导者还是配合者的角色。

有些女性并不排斥培养大局观，但她们更担心由此产生的额外工作量。当然，大局观不是用嘴说说的，需要你拿出切实的行动。你的付出总会被人看到，人们会由此发现你的价值，即便没人看到，它也会让你经历一个快速成长的过程，长期持续下去，你就会越来越接近一个成功者的定位。

2006年10月，倪萍做客《艺术人生》，当时的她已经多年不做主持人，她在这期节目中回顾了自己在央视走过的17年岁月，心中充满感慨。她从一个有些自卑的新人逐渐成长为主持过13届春晚的"定海神针"，其间无数次获得主持界的最高奖项，但是这光荣的经历也让她长期处于高压的状态中，因此最终选择离开，去过另外一种人生。在节目接近尾声时，倪萍抽到了一个后辈的提问：台上的万人瞩目，台下的寂寞无助，曾经鼎盛一时，终有落幕的一天，如何平衡和面对？这个问题的提出者不是别人，正是董卿。董卿拿起话筒，带着敬意看着倪萍说："我是一次又一次地被倪萍姐的话感动着，就像以前在看您主持节目的时候，我作为一个观众，您是主持人，一次又一次被您感动一样。我真的没有想到，这个问题会被您抽到，我非常想知道，您会怎样来回答这个问题。"

倪萍认真思考了这个问题以后回答说："董卿，我很喜欢你，也非常羡慕你，拥有现在这样的机会。我知道你特别辛苦，但我从来都不说。当一个战士穿上军装，一直被领导派往前线打最重要的战役，当你来到我这个年龄和我这种状态的时候，你一定会特别觉得，生命是值得的。"董卿听完这番话以后，不觉潸然泪下。

其实，董卿可以提出很多讨教性的问题，比如有关主持人自身素质培养或者如何与其他主持人合作的问题，而这一类的问题是可以帮助董卿日后走好主持人之路的，但是她提出了一个看起来有些"哲学性"的问题，那么这个问题的深意在哪里呢？其深意在于，它是每个主持人都会面对的问题，无论你是新人还是王牌主持人，总要迎接光环褪去的时刻，而解答这个问题就是在对中国主持界的新老人才进行心理疏导。

这是一个充满大局观的提问，难怪董卿在和倪萍对话时非常激动，因为她可能很早就在思考这个问题，她关心的不只是自己未来的主持人之路，而是对国内主持界如何持续不断地培养接班人以及老前辈们如何谢幕的困惑。

或许在某些人看来，大局观并不接地气，直白地说，就是缺少现实意义，不如思考如何赚取名利更实在。其实，一个富有创造力的人或者团队，都需要具有大局观的人统领全局，否则很难走得长远。只注重眼前的利益也许能在短时间内快速获利，但因为没有看清远方的路，走着走着就会迷失方向。

归根结底，大局观是一个人面对工作和生活的态度，格局越大，态度也就越积极，才有可能把控全局。因为看得远、想得多的人，会不由自主地在多方面持续磨砺自己，而如果只聚焦在眼前的一摊工作上，只能做好一颗螺丝钉，却不知道自己将会被拧进哪里，更看不到一部超大机器是如何运转的。这样的人生，自然不会有高光时刻。

董卿因为具有大局观，所以她才努力地在多个方面完善自己。每天下班回家后，董卿总会抽出一点时间到央视国际和百度贴吧里看观众的留言，哪怕只是关于服饰穿戴上的小建议，董卿也会记在心上。

这并非对细节的苛求，而是从整个舞台的演出效果乃至一场晚会的文化内涵的角度去思考的，董卿只有注意到这些细节，才能成就全局。

在大局观的影响下，董卿不自觉地给自己提高了工作标准，在制作《朗读者》的那段时间，董卿几乎每天只能睡三四个小时，基本上是前一期的后期没有做完，就要考虑后面几期的策划。因为她考虑的不再是一场节目是否精彩，而是整个系列在逻辑上是否连贯、在主题上是否环环相扣，这关系到节目向全国观众传递有价值信息的效果。

从主持人变身为制作人，与其说是董卿的个人能力提升了，不如说是她的大局观提升了，因为这两个不同的职业定位所站的高度是不同的，为此，董卿感慨地表示："早年间，我的很多行事风格大家可能会觉得不理解，为什么她要这样苛刻？现在你有了一定的发言权、说服力，而且也被看到，你自己都用这样的标准要求自己，你之所以能够做成这个事情，就是因为你长期一以贯之地坚持，那他们会想，我们也试试看吧，就听她的，也许我们也能提升呢！"

人们愿意听从董卿的安排，不是因为她的资历和名气，而是认可她开阔的视角，这个视角几乎涵盖了一档节目的所有岗位，也只有在这个视角的注视之下，人们才能想象出一个完美的节目应该是何种模样。

一个有大局观的女性，身上自带领袖气质，人们在和她接触的时候，会下意识地忘掉"她是一个女孩子"之类的刻板印象，因为她的格局会自动形成一种号召力和凝聚力，让人们愿意团结在她的周围，相信只有她的存在才能掌控全局，她就是与暴风雨对抗的舵手，有能力领导着船队从险境开向胜利的彼岸。

沉默不是退缩

人越长大,就越不愿意张扬,而会更倾向于沉默,因为此时已经看透了很多世事,懂得了什么叫沉默是金,懂得了什么是风轻云淡,也更加相信一句话:"清者自清,浊者自浊。"

沉默是一种处世态度,它并非逃避,更不是退缩。对于女性来说,需要展示自我的时候可以个性张扬一些,让人们看到你身上的闪光点,不惧世俗的评价。但有些时候,女性可以回归到矜持的状态中,不轻易发表意见,不盲目跟随潮流,而是在沉默中积蓄力量,等待一个爆发的时刻。

诗人歌德曾说:"每个人都应该坚持走为自己开辟的道路,不被流言吓倒,不受他人的观点牵制。"诚然,一个具有独立意识的现代女性,不该被任何传统观念或者世俗偏见绑定,也无须每时每刻都正面与之对抗。生命宝贵,女性需要拿出更多的时间和精力来提升自我,反思过去,谋划未来,用实力印证自身的强大,这样既不会在人生道路上莽撞而行,也不会迷失方向。

董卿的父母曾经叮嘱过她："命运不会亏待任何一个人，不管遇到顺境还是逆境，都要保持一颗平常心，正确地把握自己，审视自己。"董卿记住了这句话，所以在面对生活的起伏波澜时，她总能保持一颗淡定的心，在外界烦扰喧噪的时候，用沉默来承载谦逊和自省，既体现出得体的修养，又展示出成熟的处世心态。

随着移动互联网的发展，每年的春节晚会都会成为全国网友的热议话题，其中有热情的赞扬，也有温和的建议，更有恶意的指摘。面对这些褒贬不一的看法时，董卿学会了用沉默来应对，不急于反驳，也不急于辩解，因为每次晚会结束后，她都会复盘自己的表现，是好是坏，心中总是有数，作为一个完美主义者，她是不会放过任何一处瑕疵的。

这种心态就是通透到一定境界的表现，人生中的很多事不是不知道，而是不想说，或者是没必要说。这不是畏缩，而是学会坚守在自己的世界里，让它保持足够的安静，在这份安静中慢慢修正自我才是最重要的。

在《欢乐中国行》的一期节目中，主题是"走进湖城——鄱阳"，董卿先是就鄱阳的人文历史向观众介绍了一下，接着说："今天，我们不妨把这个湖字拆开来看，它是由水、古、月三个字组成的，我觉得这就很好地概括了我们鄱阳的精神特质。你看，'水'代表着鄱阳的湖文化，'古'自然是指鄱阳有着悠久的历史，而'月'象征着纯洁与美好。"董卿说完这番话，观众们不禁赞叹她的满腹才情，但是，很少有人想过这些才情是用什么换来的。

关于董卿，余秋雨曾经这样评价："都说董卿很勤奋，但仅靠勤奋是不够的，中国有四万多个电视主持人，许多人都很勤奋，但很少被广大观众所记住。这里的美学任务是，个体生命要能成功传递集体话语。为此，主持人要投入生命，投入感情，唤醒自己的知识储备、情感储备，要与观众有心灵沟通。"

董卿在勤奋之外又做了什么呢？保持沉默。

沉默并不是一言不发，而是暂时与外界隔绝，把注意力放在提升自我上，这才是董卿满腹才情的来源。董卿一直认为：主持人站在舞台上，就有责任为观众乃至整个社会提供信息、提供情感、提供思考空间。因此，主持人除了要具备基本的职业素养和文化内涵之外，还需要时刻学习，把自己变成一个完美主义者，这样才能不断地查漏补缺，不放过任何一个提升自我的机会。这就需要投入大量的时间去完成，而不能把精力放在更消耗能量的娱乐和社交上。

在沉默中积蓄力量，就是要在暂时的孤独中去提升自我。董卿为了做好节目，多少个夜晚都在熬夜编写台词，为了尽善尽美不断修改，已经成为家常便饭。在外人看来，此时的董卿就是沉默的，她没有向亲人诉苦，也没有和朋友交流，而是把自己关在房间里一个字一个字地修改主持稿，甚至自动过滤掉了外界不友好的评论。这并非董卿惧怕和人发生争执，而是她要借着如此珍贵的时光让自己变得更强，才有底气回应质疑。

"不在沉默中爆发，就在沉默中灭亡。"对董卿来说，沉默不会灭亡，只会让她焕然一新。因为她清楚地认识到，如今的观众更喜欢知识型和智慧型的主持人，而要成为这种主持人，单靠天赋是不管用的，必须用后天的努力来弥补，这就需要在偶尔的沉默中为自己充电，最终成长为一个称职的主持人。

古往今来，很多人的成功都是在沉默中完成的。卧薪尝胆的勾践是沉默的，因为他要思考如何复兴王国；渭水河畔垂钓的姜子牙是沉默的，因为他在等待一个慧眼识才的人出现。然而，在今天这个快节奏的时代，有些人开始厌弃沉默，担心自己在"销声匿迹"后失去人气和关注，于是总想刷存在感，却不知不觉地失去了提升自我的机会。

董卿坚定地认为，做主持人没有捷径，也没有什么诀窍，只能依靠自己努力，所以她才日复一日、年复一年地在沉默中积攒力量，在需要爆发的时刻让人们见识她的光彩。对董卿来说，她永远都在做着准备："一个是长期的准备，比如看书读报，积累知识，使自己成为一个品格和趣味高尚的人；一个是短期准备，就是在接到任务后拼尽全力。"

机会是留给有准备的人，而只有适时沉默的人才有机会准备。

女人天性敏感，对世界又充满好奇心，很容易会被花花世界迷乱了双眼，陷入浮躁的生活状态中。唯有学会沉默，让自己在不多言、不乱行的心态中思考和精进，才能在日后的某一刻绽放出夺目的光芒。那些闪着光芒的人，其实之前都是在阴暗的角落中保持缄默，忍受着孤独感的长期浸泡，但也正是因为这种付出，才有了现在的横空出世。

没有谁的人生是一帆风顺的，总要经历些风雨，风吹雨淋得多了，自然就获得了成长，在成长中看透了世事和人心，于是学会了在万变的外物中保持不变的初心，将沉默当作最有力的无声回应。

第七章
言语之间有大学问

1 开口之前先倾听

古希腊哲学家苏格拉底曾说:"上天赐人以两耳两目,但只有一口,欲使其多闻多见而少言。"倾听是一项重要的认知和沟通技能,也是一种无声的赞美,在和他人交谈中往往能够起到增进感情、统一意见的重要作用。和倾吐相比,倾听是了解一个人的前提,是沟通中必不可少的环节。女性在与他人沟通时,如果能将倾听当成一种沟通习惯,既能够赢得对方的尊重和信赖,还可能获得意想不到的收获。

现在很多人习惯以自我为中心,注重个体精神的表达,这的确是一种进步,但我们不要忘记,只有充分了解他人,我们的表达才具有现实意义,否则就会变成自说自话,让对方失去进一步交流的兴趣。换而言之,会说话的人,其实都是会倾听的人。

董卿就是一个善于倾听的人。每当董卿在台上向观众介绍比赛选手背后的故事时,她总是能够讲得让人感动,让大家了解这些选手们不为人知的一面。董卿之所以能够做到这种程度,主要在于她事前进行的准备,她会在彩排的间隙主动找到参赛的选手,认真倾听他们的故事，发掘他们身上的亮点。对选手而言，董卿就是最好的倾听者，她愿意了解他们的喜怒哀乐，愿意向观众分享他们的亲身经历，而正是这种倾听的习惯让董卿主持的节目有了更丰富的内容，从而更具有吸引力。

董卿在成功主持《中国诗词大会》之后，亲自策划并全程跟进了《朗读者》这个节目，很快引起了强烈的反响。2017年，"第十届上海大学生电视节"举办期间，董卿应母校华东师范大学的邀请，特地赶回上海，参加了"《朗读者》现象研讨会"。按理说，在这次节目中，董卿是毫无争议的主角，然而她表现得非常低调，整整一上午的时间，董卿都没有急于表达，而是认真地倾听与会其他专家、学者以及业内人士的发言，还特地做了笔记，哪怕是存在不同的看法，也没有打断过任何人。董卿在倾听的过程中，详细记下了专家提出的宝贵建议，等到她发言的时候，她就将刚才整理的信息汇总，一一做出了简明扼要的回应，让在场所有人都感受到了被尊重的暖意。

当一个人在侃侃而谈时，内心并不仅想着让他人马上表示认同，也会期待对方能够做出有针对性的回应，哪怕这个回应是带有争论性质的，也总比敷衍的赞同更让人舒心，这是因为我们每个人都渴望得到他人的理解和尊重。对于女性来说，学会了倾听就等于打开了一扇通往他人心灵深处的大门，能够快速地和对方交换意见并让对方产生好感。作为女性，不要将自己代入到"小公主"的角色中，只顾着输出信息，却忽视了了解他人，这样做不仅是缺乏修养的表现，也会让自己逐渐陷入盲目而狭隘的状态中。

美国政治家、物理学家富兰克林曾说："当你对一个人说话时，看着他的眼睛；当他对你说话时，看着他的嘴。"这番话言简意赅地揭示了一个真理：抵达人心灵的道路就是倾听。

有一位国外的主持人表示：一个真正健谈的人并不是在谈话技巧上有多么出色，而是擅长倾听，通过倾听来理解你。这样当自己开口时，就能切中要害，避免输出无价值或者低价值的信息。作为一个主持人，董卿充分认识到了这一点。她要做大量的访谈工作，不懂得倾听是很难了解对方的，而她也能真正放下王牌主持人的身份，认真了解一个陌生人的经历和内心世界，这是一种认真负责的态度，更是通达事理的处世之心的体现。

很多女性都渴望成为社交圈子中的焦点，其中一些人就错误地认为，只有自己频繁地表达，才能吸引大家的注意力，结果就变成了处处抢他人的风头、不品评他人的人，看似是聚集了人们的视线，其实早已把自己困在了"信息孤岛"上，根本没有了解大家的真实想法，反而因为说得太多引起了集体的反感。

我们想要别人对自己感兴趣这是符合人性的，但我们要先对他人产生兴趣，才能促进彼此关系进一步升级，这更是从人性出发的。当然，倾听并不等于保持沉默，它需要我们用心去听，最重要的就是保持良好的精神状态。

有些女性每天都化着精致的妆容，可内心却无比浮躁或者缺乏活力，即便能够在他人发言时保持沉默，也没有真正获取对方表达的信息，这样的倾听没有任何价值。在沟通中，一旦某一方表现出萎靡不振的精神状态,另一方就会感到不受尊重,所以良好的倾听状态应该是一边注意着说话者,一边时不时地用点头、微笑或者简单的词语保持互动,这样才能鼓励对方继续说下去。这种看似简单的交流过程,往往最能够打破隔阂、增进感情。

我们都想成为谈话高手,但并不是每个人都能达到这个目标。这并非因为你缺乏成为高手的天赋,或许只是因为你没有经过倾听这个重要环节的训练,而是将重点放在了训练自我表达上。其实,我们不必追求一言兴邦、一语惊醒梦中人的雄辩境界,但我们可以成为一个人人愿意与之交流的谈话对象,成为社交圈子中最善解人意的存在。那么,就不妨从培养良好的倾听习惯开始,成为一个善用温柔眼神注视谈话者的女性,让你的涵养和真情成为人格特质中最闪耀的标签。

自嘲值千金

"破帽遮颜过闹市,漏船载酒泛中流。"鲁迅先生在《自嘲》一诗中,将自嘲者的乐观和豁达都淋漓尽致地表现出来,每个人都可以从中看到自己的影子。

自嘲就是一种自我调侃，看起来是在"自轻自贱"，其实是一种高级的幽默和洒脱的人生态度。敢于并善于自嘲的人，拥有一种超出常人的沟通能力和社交智慧。因为自嘲并非简单的自我贬低，而是需要根据时间、场合和对象来决定说话内容，需要较高的情商才能驾驭。善于自嘲的人，就拥有了灵动善融的能力，能够在不利于自己的社交环境中随机应变，最终掌握主动权。

对于女性来说，自嘲并不会让自己颜面尽失，相反，它可以展示出自己富于幽默、胸襟豁达的一面，所以它并非男性的专利。不过在现实生活中，敢于自嘲的女性却不多，有的人把自嘲理解成自虐，有的人则担心自嘲会给别人留下笑柄。其实，只要掌握自嘲的尺度，人们会意识到你是一个拿得起、放得下的新时代女性，不被传统观念所压迫，能够接受新生事物，是一个可以信赖并尊重的人。

自嘲的价值比自夸要高出很多，当你面临尴尬的境地时，自嘲是最好的化解方法，所以有人认为自嘲是一种最高级别的幽默。

董卿是一个善于自嘲的人，她的自嘲总是能透出充满文化底蕴的智慧。

2009年11月，《欢乐中国行》趁着"第九届郑板桥艺术节"火热举办时，来到江苏兴化做露天节目。当时天气状况不好，大雪纷飞，寒风凛冽，董卿一手持伞，一手握话筒，袅娜地走到观众面前，和大家热情地打起招呼："兴化的父老乡亲们，你们好！"不想话音刚落，董卿脚下突然一滑，瞬间摔倒在地。这个意外让在场的观众不知所措，董卿本人也很尴尬，但是当她从地上爬起来以后，很快就调整好了情绪，笑着对大家说："这是我从事主持工作15年来遇到的最恶劣的天气，我把跟头跌在了兴化，这一跤让我这辈子永远记住了兴化。"董卿的这番话把现场的观众逗笑了，刚才的尴尬气氛一扫而光，台下立即爆发出一阵阵热烈的掌声。

摔倒的董卿很狼狈，但是起身之后自嘲的董卿光彩照人，她用强大的应变能力缓和了被意外打乱的节目气氛，成功地向人们展示出自嘲值千金的真理。

当一个女人自嘲时，她不会因为自曝其丑而被人嘲笑，反而会因为大度和坦诚惹人怜爱。如果董卿在摔倒之后，假装没事地主持节目，那么观众仍然会被刚才的意外影响观看情绪，整个节目会在不和谐的氛围中进行，所以董卿没有做假装无事发生的"鸵鸟"，而是勇敢地自己揭短，这样的主持人才是观众最欣赏和最信任的人。

很多时候，我们越是回避自己的"丑态"，越会引起别人的注意，更重要的是还会加重自己的心理负担。窘态没有被点破，就像一个被打乱的结一直放在那里，遇到这种情况，不妨用自嘲正视自己的窘态，反而能够帮助我们摆脱困境，树立自信心。

对女性来说，自嘲并不是厚脸皮，而是一种待人接物的智慧，也是一个女性成熟的标志之一，因为这意味着她的人生观和价值观能够合理区分"自嘲"和"自卑"的区别，而且懂得用自嘲来缓和气氛，顾全大局。这样的女性，不管在生活中还是工作中，都会成为核心人物。

有时候，自嘲不是仅仅针对自己的出丑，也可以用在轻度的自我调侃上,从而创造一种温馨、幽默的沟通环境,让彼此都感到放松。比如,董卿在担任《挑战不可能》节目的嘉宾时,有一次被问到担任评委和主持人有什么区别,董卿说:"最大的不同就是可以坐着说话,而且说话特别管用。"一句话调侃了自己的评委身份,让大家都能会心一笑。

不懂得自嘲的女性,就失去了幽默感,如同没有香气的玫瑰,远看姿容俏丽,近看无趣无味,免不了让人感叹。其实比起外在的容貌和身形,人们更会被女性的气质、风度和魅力长久吸引,而幽默的自嘲就是其中之一。懂得自嘲,就是为女性的个人魅力和社交魅力增添亮眼之笔。

人生而有缺,总有不完美之处,总有犯错之时,这是无法避免的,最重要的是懂得如何去化解。有些无知的女性会用嘲笑他人的方式来建立自己的优越感,殊不知越是如此,越是凸显出自己的愚蠢,因为只有那些敢于自嘲的女性才最有亲和力,她们会豁达地承认自己的不足,同时又展现出坦诚和睿智。

和男性相比,女性应该避免充满攻击色彩的沟通方式,可以用幽默温和的手段去表达自己的观点,这并非在退让,而是用婉转柔韧的形态和他人斗智斗勇,其本质仍然是一种社交手腕。

学会幽默自嘲的女性,哪怕曾经不堪地跌倒,也能让狂风暴雨的处境变得风和日丽。她们不需要过多地证明自己,只要在阳光下甩一甩秀丽的长发,俏皮地自我调侃上几句,就会绽放出迷人的光彩。

发自内心去赞美

人到中年,不少人都会感叹岁月无情,此时能够回忆起的,往往是沉淀在记忆中的赞美,因为赞美才让我们更积极地肯定自己。赞美是赞美者的通行证,贬损是贬损者的墓志铭。在与人相交的过程中,只有用发自内心的赞美才能博得对方的好感,这并非虚荣心作祟,而是因为对绝大多数人而言,来自外界的肯定永远都是鼓舞人心的。

女性在生活中,总能接受到他人的赞美,有赞美容貌的,有赞美身材的,还有赞美性格的。在男女交往的过程中,女性获赞的概率会更高一些,于是一部分女性下意识地认为,女性生来就该得到赞美。这个观点只说对了一半,女性值得赞美,但同样也应该去赞美他人。在如今的社交生活中,赞美已经成为沟通中不可或缺的技能,前几年流行的"夸夸群"(以互相夸奖甚至吹捧为主题的网络社群)就是最好的例证。

既然人人都渴望得到认同,女性就没有理由放弃这个权利,而且应该积极地把它打造成为社交的利器,成为无论在哪里都深受欢迎的人。

在《朗读者》第二季的一期节目中，节目组邀请了国家话剧院演员、知名影星陈数。陈数出演过很多影视剧中的角色，天然带有一种知性美，在舞台上的她和董卿并排站在一起，光彩照人。董卿作为主持人，按道理也该夸奖一下陈数，但是这种级别的女星早已习惯了被人夸奖，单纯的"你真漂亮""你的演技一流"是苍白无力的，也不会产生任何好的节目效果。董卿面对陈数是这样说的："真正的美人，没有年龄感，更无惧岁月，因为在增长皱纹的同时，她更增长了智慧。"这番话一出，顿时赢得了一致的好评，因为它是发自内心的赞美，是真正从陈数的个人经历出发所作出的真情描述，透露出一种真诚，谁听了都不免动容。

在这期节目之后，很多好事的网友将董卿和陈数放在一起比较，有人说她们是绝代双姝，也有人说陈数气质更好、董卿更优雅等等，结果从理性的讨论变成了争执。后来有人就这个问题特意采访了董卿，董卿的回答是："我认为陈数才是优雅女人的典范。"董卿的这个回答诚意满满，并没有为了平息网友争论而包含敷衍之意。

赞美是对他人的肯定，但并不是一种简单的、机械的肯定，所以它虽然听起来很容易，做起来却很难。每个人都渴望得到别人的关注和肯定，但如果赞美之词都是千篇一律的话，这不仅不会增加被赞美者内心的满足感，反而会让其产生焦虑，认为大家敷衍的赞美其实是代表着一种否定。所以，赞美的言辞必须要发自内心，说到对方的心坎里才有意义。

有些女性明白赞美是社交利器，但并不想耐心地了解一个人，于是就用模棱两可的赞美去夸奖别人，反而让对方产生一种被高级讽刺的感觉，弄巧成拙。因此，如果没有足够了解对方，勉为其难的赞美不如不要。

高明的赞美，要选择一个合适的角度，比如从一个人的性格、爱好或者事业等方面入手，要从对方最感兴趣的方面或者是他人很少关注的方面切入，这样才能真正打动人心。如果一个人在某方面足够突出，那就要尽量避开人人都会提到的话题，选择一个冷门的角度，才容易让对方记住你。

赞美虽然要选择新颖的角度，却不要过分浮夸，要把真情藏在看似平凡的叙述中，这样才能体现出真诚，即便被夸奖者听不到，也足以让所有听到的人为之动容。简而言之，越是有分量的赞美，听起来越不像是赞美，而像是在平淡地描述一件事。

知名主持人李咏去世之后，圈内圈外的人都为他感到惋惜，人们再也看不到屏幕上那个风趣幽默的男人了，于是有不少人开始了对李咏的追忆，各种赞美声也连成一片。但是作为李咏曾经的搭档，董卿和其他人的赞美很不一样，显得非常"平淡"。

董卿回忆说，有一年春晚，她穿着高跟鞋上台，一不小心，细细的鞋跟就卡进了舞台的夹缝里，无论如何都拔不出来。在报完幕、发完言以后，其他主持人陆续走下台，董卿一个人站在那里，想走走不了，想留也留不下，非常尴尬。就在这时，已经察觉到董卿有异样的李咏走过来，蹲下身帮董卿拔出了鞋跟，为她成功解围。

董卿在回忆这段往事时，眼中含泪，但遣词造句很质朴，她并没有直接夸奖李咏如何高情商、如何体贴，而是通过一件小事将他的细心和温暖赞美到了极致。

赞美一个人虽然有技巧之别，但掌握起来并不难，只要你真的和对方有过接触，对其有一定的了解，回味那些真实发生过的事情，就会自然而然地表达出赞美之意。而你如果不够用心，无法动情，即便掌握再高超的表达技巧，也无法说出能打动人心的赞美之词。

人活一世，坎坷总是随处可遇，大多数人都不是上天的幸运儿，都是一路磕磕绊绊地走过来的，或许身上布满伤痕，或许心灵留下创伤，此时如果有人发自肺腑地赞美自己一句，那就像炎热盛夏的一杯冰水，沁人心脾。对女性来说，坦诚地去赞美别人，并不会降低自己的身价，反而会让人看到你身上熠熠发光的一面，也会因此而衷心地赞美你。

4　拉家常让人更亲近

世界上除了至亲，绝大多数人之间都是以陌生人的身份开始建立关系的，两个陌生人想要拉近关系，选择合适的措辞非常重要。一句充满暖意的话语，往往能够在瞬间提升对方对你的好感度，其中的秘诀并不在于你如何吹捧对方，而是让对方觉得你是"自己人"。通常来说，真正懂得沟通的人，都是善于用"拉家常"的方式套近乎的高手。

所谓"拉家常"，就是要在轻松的氛围中谈论一件看似平常的小事，创造一种老友叙旧的感觉，即便话题本身含金量不高，但是气氛烘托到位了，就能迅速增进彼此的关系。

和男性相比，女性在拉家常方面有着得天独厚的优势，这是因为女性更注重交流的方式而非交流的内容。女性的沟通不像男性的沟通那样充满着目的性，而这种无目的性、重在氛围的沟通方式，恰恰是打开心扉的正确方式，能够让人在不知不觉中将你当成是熟悉的朋友。

在第十三届CCTV青年歌手电视大奖赛团体赛首轮比赛现场，有一位名叫李光明的选手，他来自陕西横山县（现榆林市横山区），他用原生态唱法深情地演唱了一曲《上一道坡坡下一道梁》，歌声飞扬，充满了淳朴豪迈的气息。不过，李光明毕竟是业余爱好者，演唱技巧仍然不够纯熟，所以在综合素质的考问环节中得分很低，最终被淘汰。

当李光明看到现场打出的分数以后，这位来自黄土高原的淳朴小伙子面露沮丧。就在这时，董卿走过去，亲切地和他聊起了家常，问他多大了、父母好不好、兴趣爱好以及有没有结婚等问题。随着沟通的深入，李光明渐渐忘掉了被淘汰的难过之情，转而和董卿像熟识的老友那样聊了起来，最后脸上绽放出了笑容，让现场冷清的气氛迅速回暖。

对于一个参赛选手而言，得知被淘汰后情绪不振是正常的，而这时主持人如果用客套的方式去安慰对方，效果不会好，毕竟残酷的结果摆在选手面前。但是董卿没有采用模板式的沟通方式，而是以朋友的口吻拉家常，打破了主持人和参赛选手的固定关系，自然就会给对方以真诚的暖意。

不管是在工作还是生活中，人和人之间都不可避免地会产生各种交流，尤其是和陌生人沟通，其难点就在于我们并不了解对方的性格、爱好、学历、经历以及价值观等关键信息，这会给沟通带来阻碍。既然缺乏必要的沟通信息，我们就不妨从了解的话题入手，像一个亲切的采访者一样和对方随意地闲聊，如此既能够掌握我们需要的信息，又能让对方放下戒备心，最终达成共识。

拉家常不仅能够增进谈话者之间的感情，还能够作为良好的开场白，创造轻松和谐的沟通氛围。

在《朗读者》第二季的某一期，节目组邀请了著名导演冯小刚。冯小刚上场后，董卿没有按照套路来进行介绍，因为那样太过平庸，而是十分随和地面向观众提问："现场没有看过冯导电影的请举手。"结果，没有观众举手，还有人被董卿亲切、调皮的语气带动了情绪，发出了善意的笑声。就在这时，董卿回头看了一眼冯小刚："冯导，您是不是该谢下大家？我们都曾为您的电影票房做过贡献。"

冯小刚对很多观众来说并不陌生，所以如果董卿采用常规的模式开场，其实是很浪费时间的，也无法调动观众和冯小刚本人的情绪。然而董卿用拉家常的方式提出问题，顿时引起了大家的兴趣，迅速创造了一种轻松自然的现场氛围，对接下来的节目有着重要的导向意义。

聪明的女人，不会用寻常的客套方式去和别人沟通，因为这很可能是对方司空见惯甚至有些厌恶的方式，既缺乏新意，又不具有感染力。所以，用拉家常的方式另辟蹊径，就能不落俗套地叩开对方的心扉，简单直接。

作为女性，温柔永远是社交的利器，所以大可不必像男性那样单刀直入地直奔主题，那只适合于某些特定的场景。在面对陌生人或者需要创造氛围的沟通情境下，看似慢热的拉家常反而更能凸显女性的魅力，而一旦能够熟练运用这种技巧，你就会掌控谈话的节奏和重点，因为拉家常的交流会让对方卸下防备，更容易沟通。

人际交流最忌讳的就是找不到切入点，而拉家常就是最有效的切入方式，它可以化腐朽为神奇，引发人与人之间的情感共鸣，获得意外的沟通效果。毕竟，每个人都有渴望共情的心理需求，而女性的优势之一就是共情力强，当她们以老友的口吻与人交流时，身上就会散发出一种强大的亲和力，这种亲和力可以化解矛盾，找到彼此的共同点，也能让旁听者感受到你们之间的融洽氛围。

在现实生活中，有些女孩性格开朗，面对陌生人也能"自来熟"，却总是没说几句话就谈到对方的隐私或者其他敏感话题，还十分实在地给别人提意见，殊不知这样只能引起对方的反感，大多数人都难以接受。其实，人与人的交往是一个循序渐进的过程，从小事、平常事聊起才能一步步建立信任关系，这既符合人性，也符合社交礼仪。

《论语》有云："慎言是。"意思是人在开口之前要深思熟虑，因为一言既出，就如同覆水难收，带来的后果往往是不可逆的。那么，为了避免在沟通中惹怒对方，恶化自己的社交生态，不如从拉家常开始，它不需要你掌握多么高深的沟通技能，只要怀揣一颗真诚的心即可，因为谁都喜欢在轻松愉悦的氛围中与人交流。而拉家常就能将女性温柔体贴的一面充分展现出来，让人难以抗拒，即便是初次见面也能收获一定的好感。成为这种善于沟通的女性，就能随时随地赢得他人的信任与尊敬，建立属于自己的人脉圈子，成为你登临人生顶峰的台阶。

5 巧妙回击挑衅

人与人的思维方式是不同的，不同的思维方式会形成不同的沟通方式，而不同的沟通方式有时候会产生误会，有时候会造成沟通障碍。不过，这种沟通不畅的情况并不严重，我们可以通过试探和询问等方式确定对方的真实想法，避免发生矛盾。然而，我们在交流中遇到的一些挑衅并非因误会而起的，而是对方有意刁难我们，那么面对这种情况，正面回应是不明智的，假装不知是愚蠢的，唯有巧妙回击才是最正确的。

作为女性，不要被封建观念所绑架，认为自己应该保持淑女形象，事实上女人和男人一样拥有回击挑衅的权利，只要不是恶语相向就好。如今已经是思想和性别解放的新时代，女性在任何场合都是具备话语权和自卫权的，用不伤大雅的语言回敬不礼貌的挑衅，也是女性意识觉醒的标志之一。

在 2012 年《我要上春晚特别节目——直通春晚》的现场，董卿和韩红"掐了一架"。当时，董卿亲切地对韩红说："你是前辈了，你有什么体会可以和大家分享？"韩红的回应有些不软不硬："我不是前辈，我是中坚力量。"董卿没有把韩红的回应放在心上，直到选手平安演唱《青藏高原》之后，董卿对平安的高音非常欣赏，就夸奖了一句："他的声音真的是很高啊！"可就在这时，韩红不客气地反驳说："这高音是假声，就是骗你这样不懂的人。"从专业的角度看，韩红肯定比董卿更懂音乐，特别是在高音域方面，但是这样的回应多少有些生硬，因为这可以解读为质疑平安，也可以解读为质疑支持平安的观众，甚至可以解读为质疑董卿。虽然董卿不是专门从事声乐表演的，但她毕竟也主持青歌赛很久了，具有一定的音乐鉴赏能力，所以韩红的回应还是欠缺考虑。此时的董卿当然可以一笑了之，但节目还在继续，如果韩红继续保持这样的沟通风格，或许之后还会有类似的情况发生，于是董卿反问了一句："难道用假声就是骗大家了吗？这也是一种技巧，我们大多数人都觉得挺好的。"结果韩红马上说："内行看门道，外行看热闹，平安唱的最后一句就是热闹，千万别把热闹当门道了。"这句"外行"多少显得不够礼貌，董卿也马上回应说："平安演唱得既有门道又有热闹，两者兼而有之，不是很好？"这番话措辞得体，既不过火，也不激动，恰到好处。

总的来说，韩红的点评并不能算是挑衅，只是有些不太顾及他人的颜面，也和现场的气氛有些格格不入，而董卿主要是为了处理现场不太和谐的因素，让气氛更加包容、有温度，所以才睿智地进行了回击。

在人际交往中，那种唇枪舌剑的场面并不是很多，毕竟人不能完全不顾及自己的社交生态。然而，绵里藏针的话是少不了的，遇到这种情况，有针对性的回应就是最好的选择。毕竟很多时候，你想着求同，但对方可能在求异，而如果类似的情况一再发生，就不能视若无睹，否则沟通的氛围就会一再被破坏。

董卿出身书香世家，气质如兰，她在台上的亲和力和感染力都很强，所以在面对纠纷时，也会采取最合乎她特质的方式。当然在一些无伤大雅的小事上，她也会包容对方，不会次次都针锋相对。

女性行走在社会上，需要收起锋芒，这是为了获得良好的社交关系，但这并不意味着女性要放弃锋芒，因为有些时候需要你明确地表达自己的态度。如果这时候，继续假装无事发生，很可能换来的不是和平，而是得寸进尺。

这个世界上，总有一些人看不得别人好，会以各种无端的想象去恶意揣测他人，特别是身为女性，最容易受到名誉上的攻击。而遇到这种情况时，虽然不至于激烈反击，但也一定要适时地表达自己的立场，否则就会让谣言无休无止地干扰你的正常生活。毕竟，如果只用体谅和忍让就能换来和平的话，那么世界上就不会有战争了。

女人在社会上闯荡原本就不易，如果再被一些恶言恶语所攻击，不仅会伤害自身感受，也可能影响到事业的发展。所以，只要发现有恶意的言论，就不能听之任之，要学会乘势而为，在不破坏基本关系的前提下进行有力反击，正所谓"打蛇打七寸"，我们不需要将对方用语言"杀死"，只需要将其"打疼"，就能起到震慑和防御的作用，维护我们宝贵的名誉。

善于表达自己的观点

有一种女人,不管走到何处,总会成为人们的焦点,这并非因为她们姿容俏丽,而是因为她们谈吐不凡,总能说出金句名言,让人们为她的智慧与口才所折服。

女性想要证明自己,并不一定要有完美的面孔,也可以用丰富的内涵和雄辩的口才引人注意。女性不是花瓶,她们可以通过成熟且富有创见的思想去引领时代,而睿智的表达方式就是女性意识觉醒的旗帜。

善于表达自己的观点,就是在积极地向他人传递自己的思想或者捍卫自身的利益,这并非对他人的洗脑,而是对语言的一种锤炼和包装。有些女性,提出的诉求是合情合理的,却因为在表达上不尽如人意,导致人们产生了误会,最终损害了自身的利益。当然,想要成为一个善于表达的人,并不需要依靠过人的天赋,而是需要通过敏锐的观察力去感知沟通高手间的对话,从中吸取到交流的精髓,再融入自己的感悟和语言特点,就能以富有创意的方式传递自己的理念。

董卿就是一个善于表达观点的人。她虽然每次都会认真熟记台本，但也不会照本宣科地按照固定模式去说话，而是会结合自己的主张提出新的见解，于是在她的节目中，人们总能听到让人振聋发聩的金句。

在主持《朗读者》节目时，董卿说过这样一段话："从某种意义上来看，世间一切，都是遇见。就像，冷遇见暖，就有了雨；春遇见冬，有了岁月；天遇见地，有了永恒；人遇见人，有了生命。"短短的几句话，用词简练，十分诗意，却并不矫揉造作，深刻地揭示出生命和世界的本质。这样的表达不仅让人叹服，还会展示出自身的大格局和大学问，大大增强了所述观点的可信度。

话不在多，点睛则鸣。有的人不懂得也不重视表达的技巧，仅仅依靠喋喋不休的方式持续输出，误以为这样就能增强说服力，殊不知只能引起受众的反感。一句精练、有深度的话，足以让人回味三日，而缺失了营养的无用之词，转瞬就会被人忘记。

古语有云："一人之辩，重于九鼎之宝；三寸之舌，强于百万之师。"一个女人想要拥有独特的表达魅力，就要通过学习、思考和观察不断充实自己，让思想增加厚度，让措辞增加力度，让语调增加温度，这样才能展示出富有风韵且闪烁智慧之光的现代女性形象。

董卿无论是主持《朗读者》《中国诗词大会》这一类节目，还是主持青歌赛、春晚等节目，都能深入浅出地表达。如果你认真回顾董卿在台上的主持，会发现她几乎没有讲过任何大道理，而是通过通俗易懂却不失文雅的话语来瞬间点醒众人。在她谈及声音时，她会说："声音啊，虽然是用来听的，但是一注入感情，就变得有分量。"在她被感动得落泪时，她会说："勇敢的人，不是不落泪的人，而是含着泪水继续奔跑的人。"

仔细品味可知，董卿虽然是知性女子，却很少对语言进行文绉绉的包装，不过是稍加修饰就能生动、美妙地揭示出一个道理，既让人听着舒服，又让人由衷信服。

口才是女人行走社会的名片，它能展示出一个女人经过文化熏陶之后的纯净心态，越是有内涵的女人，越会掌握表达的技巧，她们的话语既不"雅"，也不"俗"，而是能雅俗共赏，令人回味。不论何时何地，她们都会根据自己的知识和经验，以独特的视角去思考，通过新颖的表达来揭示问题的答案。

董卿在表达观点时，非常善于使用比喻。有一次，她在谈到阅读时说："不读书就像吃不饱饭，精神是饥饿的。"既生动形象，又直接明了。董卿在去美国深造以后，经历了事业上的起起落落，此时的她感慨地说："任何事情都好像是一个抛物线，慢慢上升到顶点之后又慢慢回落。"一句精妙的比喻让不少人感同身受。在谈到勇气时，董卿说："勇气是逆境当中绽放的光芒。"引起不少人的沉思和遐想。在谈到心灵这个话题时，董卿又说："人的心灵应当如浩渺瀚海，只有不断接纳希望、勇气、力量，才可能风华长存。"既精练又充满力量，带给听者一种积极向上的正能量。

有些女性，并不注意口才的培养，而是将表达的重点放在了口气腔调上，用发嗲的声音去和别人交流，以为这样就能促使别人屈从自己。或许这种表达方式在特定场合、针对特定对象有效，但放在社会上是会惹人侧目的。口才的重点在于缜密的思维、睿智的应变和精准的措辞，这些才是打动他人的关键，而不是依靠女性在其他方面的魅力去施以魅惑。

在"'一带一路'国际合作高峰论坛"上,董卿说:"文化沟通永远可以让千里相隔变成心灵上的零距离。"仅此一句就博得了现场的广泛认同,这就是高超的总结艺术和类比技巧的魅力,和董卿温柔的声音无关,也让人们更加欣赏她丰富深沉的内在。于是,有人好奇董卿是如何做到精于表达的,对此,董卿的回复是:"越积累,你的语言就越闪耀。"显然,这种从容优雅的应对和流畅知性的谈吐,是一点一点磨砺而成的。

女人要注重容貌和身材,更不能缺少才华,这样才能内外兼修,展示出女性独有的光彩,她们就像浩瀚烟波里的一道彩虹,点缀着广阔的天空。这样的杰出女性,无时无刻不在展示出积淀的阅历和深厚的内涵,她们比普通女性更能洞察人心,也更适合深度的交流,与她们相谈三五句,或许就能获得思想上的沐浴和精神上的洗礼。

第八章
时间沉淀出真我

1 自当有力量

一个对自己有着高标准、高要求的女性，必然是追求自我成长的意志坚定之人，只有这样才能源源不断地由内向外地展示力量，在拥有这些力量之后，才可能与挫折和困难相抗衡。纵观那些在职场上如鱼得水的优秀女性，都是一边经受磨砺，一边成长，无论遭遇何种变故，都能坚强地扛下来，最终历经千难万险，取得成就。

在刻板印象中，女性常常被定义为弱者，这是一种歧视和偏见。女性和男性一样具有强大的潜能并且可以随着经验的累积而不断成长，所以问题的关键不在于性别，而是面对世界的态度。如果一个女性只想安稳平淡地生活，那么确实不需要具备超出常人的力量，只需要应对眼前事即可。但如果一个女性有志于做一番事业，就要学会给自己设置新的任务，为了完成任务就要获取新的力量，久而久之就会历练出征服一切的勇气和魄力。

成功学大师拿破仑·希尔曾说："实现目标之前就以目标的最高标准来要求自己。"人的力量可以增长，也可以衰退，如果你安于做一朵温室中的鲜花，那么只需要默默接受世界的设定即可，但如果你想打破传统观念的偏见，想要在短暂的人生中写下灿烂的一笔，那就需要为了满足这个高标准而去增强力量。那些对自己严格要求的女性，总是拥有一种优雅、自律和积极的气场，当她们拿到90分时，也不会满足，而会为了争夺100分而继续努力，因为她们给自己设定了更高的目标，所以才能爆发出新的力量。

在谈到"力量"这个词的时候，一些女性会产生畏惧甚至自卑的心理，但其实力量并不是男性的专属词汇，只要女性愿意接受新的挑战、愿意给自己设定更高的目标，一样可以获得更强大的力量。

董卿作为一个职业生命力顽强的主持人，总是会给自己设定新的目标，而在完成目标的过程中，会逐渐变得强大和自信。她说过这样一番话："每次放弃都很痛苦，但是我更热爱未知的挑战。小时候看《生命中不能承受之轻》，不懂，现在才明白，没有压力，没有牵挂，轻飘飘地活着，将会多么痛苦！我喜欢这种压力之后的完美释放，即使精力达到极限。"

诚如董卿所言，不管你是否有进取心，都需要在人生中给自己设定一个目标，区别只在于大小而已。没有目标，我们就不会唤醒心中的力量，而一个无力行走于世的人，从某种程度上讲就是行尸走肉。

当年在浙江有线电视台，董卿参与制作了一档人文类节目，名叫《人世风情》，全部内容都是由她一个人负责。在这档节目中，有一个小版块是讲述杭州的风土人情的，而每一次节目录制董卿都要跟进，为此，她跟着摄制组探访了杭州几乎所有的古巷楼台。而当时的董卿才刚刚入行，职业经验有限，但是她依然接受了这个挑战，她没有在中途放弃，也没有发牢骚，因为她知道越是这样的高标准，越能激发自己潜藏的力量。

在录制节目的那段时间里，董卿会在每一次拍完片子后，背着双肩包去街边的音像店淘碟，寻找适合节目的音乐，再考虑如何加入清晰的字幕……事无巨细，董卿都要全盘考虑到，她没时间心疼自己，只想着如何将杭州最美的人文气息呈现给观众。

有一期节目，董卿身穿绛紫色的西装，在杭州的一条街道上做外景主持。那个时候的她，脸上还带着几分婴儿肥，面容清丽、身材高挑，说起话来还带着一丝学生腔："晚上好，观众朋友！欢迎收看这一期的《人世风情》！中国每年都有成千上万的学子到海外去求学，同样，在我国的各大院校里，也有很多来自异国他乡的留学生。他们不远万里来到我们的国家，并且在学习的过程当中逐渐了解中国。可以这么说，他们也成了世界了解中国的一个窗口……"

在观众看来，董卿的这段主持词不到一分钟就讲完了，但是为了这段台词，董卿投入的时间远远不止一分钟。为了增强主持效果，董卿在节目的主题歌《千种风情》里还客串了一回演员，当时的她头戴一顶白色的贝雷帽，在广场上一边旋转一边微笑，身边是展翅而飞的白鸽，拍摄和制作画面都很优美。不过，真正让人惊叹的是在节目播完后，片尾字幕出现的时候——编导，董卿；主持，董卿；撰稿，董卿；剪辑，董卿……

或许很少会有人想到，这样一个美丽可爱的女孩子，竟然包揽了节目中的绝大部分工作，而她自己也不过是一个初出茅庐的新人。但是，也正因为是新人，董卿才渴望快速成长，渴望心中的力量被释放，她知道自己一旦发起狠来有多强。对于董卿而言，那时候唯一的失落是不能和父母分享自己在荧幕上的表现，因为当时的浙江有线电视台没有实现全国覆盖，远在上海的父母自然不能在电视上看到女儿的身影。不过董卿始终相信，总有一天，她会出现在全国观众的面前。

这是董卿的目标，也是一句藏在心里的对家人的承诺。

正是有着这样的高标准和严要求，董卿才成为一个带点偏执的完美主义者，她很少会思考自己在哪里表现得很出色，而是永远在复盘在哪方面做得不足，只有这样，才能不断地让自己向前看。

越努力，就会越强大，就会在温柔的时光里遇见更完美的自己。

当很多女性羡慕董卿风光地出现在镜头前的时候，是否有人愿意去了解背后的故事，是否有人认真思考过是什么使她取得成功。或许对某些女性来说，缺少的并不是能力，而是敢于设定目标的勇气，它是打开你力量源泉的钥匙。你不可能盼着力量凭空出现，它只有在你接受了同等的挑战之后才能爆发出来。

如果董卿只安于现状，做一个地方台的小主持人，那么她大可以过着轻松惬意的生活，但那样的董卿就是失去了力量的董卿，只能成为一个小有名气甚至默默无闻的主持人。女性不要畏惧社会的偏见，要勇敢、坚定地夺取目标，这样才不会在慵懒的时光中沉沦。

一个聪明的女人，总会想尽一切办法激活自身的力量，所以她们会主动给自己创造目标和任务，迎接来自各方面的挑战。作为现代女性，总会在工作上和生活中遇到一些挑战，有些可以逃避，有些不能逃避，但无论怎样，我们都应该抱着积极的心态去面对。因为只有完成这些挑战，我们体内蕴藏的力量才会随之觉醒，才能让生命变得更加充实和富有意义。

2 让压力见证成长

诗人泰戈尔曾说:"只有经历地狱般的磨炼,才能炼出创造天堂的力量;只有流过血的手指,才能弹出世间的绝唱。"

人需要成长,也需要压力,没有压力就无法让我们印证自己的真实能力,也只有在压力之下,我们才能更加坚定对既有目标的执着与坚守。在现代社会,女性由于走出家庭而面临着来自方方面面的考验,这时能否保持足够的抗压能力就尤为重要。

当然,每个女性面对压力时的反应不同,有的人选择逃避,有的人选择直面。那些逃避压力的女性,并没有真正让压力远离自己,反而一直在默默承受着压力所带来的痛苦。而那些直面压力的人却可以通过对抗压力来释放焦虑,因为她们最终成了战胜压力的王者。

有些女性对"压力"一词颇为敏感,其实压力本身是中性的,它可以根据我们的实际情况转化为正向或反向的力量:当我们想要获取更大的成功时,压力就成为助推我们前进的正向动力;当我们只想停留在舒适区时,压力就成为阻挠我们享受安逸的反向阻力。正如人们所说：一个人能承受多大的荣誉，就应该承受多大的压力。

关于压力，董卿的观点是：克服压力的办法是继续工作。对她来说，工作上的压力随处可见，但她不会被压力击垮，在她强大的心态面前，压力只能成为帮助她再进一步的朋友，而非让自己饱受折磨的敌人。

不管是主持青歌赛还是春晚，董卿所面临的压力都是常人无法想象的，这些压力不仅是对她体能的考验，更是对心力的试炼。董卿曾说："每天都有数万观众在观看，不能有丝毫马虎，特别是青歌赛，一直要连续40天。而到了第11、12场比赛的时候，体能已经达到了极限，这个时候也是最难熬的。"尽管如此，人们最终在台上看到的董卿仍然是充满活力与自信的金牌主持人。于是有人好奇董卿是如何克服压力的，对此，她很简洁地介绍道："每天晚上回到家，就什么力气也没有了。除了工作，我不会再做其他任何事，因为需要聚集能量。"

董卿在主持青歌赛的时候，每天下午都会和选手提前交流，目的就是为了在直播时能够说出一些精彩的故事，增强节目效果和现场感染力，不过这项工作并不是每次都能顺利进行。有的选手不能说出让人眼前一亮的故事，遇到这种情况，董卿也十分焦虑，生怕到了演出时不能给观众呈现出精彩的节目。然而这只是一时的烦恼罢了，因为她坚定地认为："遇到困难的时候，没有更好的办法，除了想和做。准备得越充分，直播时心里才会越踏实。"

工作中有压力是再正常不过的事情了，哪怕你从事的工作微不足道，也总有陷入困境的时刻。但工作能体现人生的价值，我们如果逃避工作中的压力,就是在抹去人生的价值,因为你将无法通过承受压力来获得成长。特别是对女性来说,解决工作中的问题,才能更好地向社会和时代证明自己足够强大。

回想当初,董卿放弃上海的优越生活去北京发展时,她承受的压力可想而知,一切都要从零开始。董卿当时的感受就是:"你觉得你明明很努力,花了很多心血,却没有多少人看到、关注你的成果。"于是在那几年里,董卿有过多次垂头丧气的时刻,甚至有几个夜晚在面对厚厚的稿件时急得想撞墙。然而这不过是一种负面情绪的释放,董卿最终还是克服了重重压力,在艰难的推进中成长,所以她才深有感触地表示:"我很感谢那些压力、迷茫和无措,让我变成了现在的'董卿',一个想要知道稿子的每一个字背后故事的主持人。"

只有将压力当成动力,把压力视为成长的催化剂,我们才有行动的方向和力量。这样,当压力不断增大时,我们的成长速度也就更快,这才是积极乐观的工作和生活态度。那些能够享受压力的优秀女性,身上总能散发出一种闲庭信步的独特气质,那不是有意的炫耀,而是冲破风浪后的自信。

在回忆和央视西部频道一起成长的那段岁月时,董卿深情地说:"我大学毕业后,刚进电视台的时候,从零开始,没什么负担。之后被认可,感觉很快乐。而'重新被认可'是重新变得没有人认识你,重新变得一个地方有你和没有你都不是很重要,这种落差是很难承受的。我觉得有些苦难是肉体的、物质的,有些苦难是精神的,往往精神的苦难对人的折磨是巨大的,是让人更难承受的。"

对于有志于成为王牌主持人的人来说，央视是他们的终极梦想。一旦登上这个舞台，将会受到全国观众的关注，这本身就是一种至高无上的认可。然而，我们不能只享受闪光灯下的辉煌，还要承受幕后的沉重压力。董卿做到了这一点，她才有了被全国观众记住并喜爱的资本。

如果不以央视为目标，董卿的成长空间将会十分有限，因为她缺少来自外部的压力去逼迫自己。因此，她在毅然决然地去北京闯荡时，早已在心中接受了那未知的压力。对此，董卿清醒地回顾道："虽然是重新归零，但我没有在原地踏步，而是比原来又上了一个台阶。就像爬山爬到一定高度，要卸下以往及此时的负担，轻装上阵才能到达顶峰。我后来也在想，当时自己为什么能够放弃，去承受未知的东西，都是因为追寻的那个梦太诱人了，我愿意为了那个梦想的实现去忍受所有的寂寞。"

能够承受旁人想象不到的压力，在千沟万壑中穿行并最终成长，这才是人生最值得记住的经历。

有一次，董卿因为《我要上春晚》的一期节目录制得不理想而自我检讨了很久，这倒不是因为节目出现了严重的失误，而是董卿认为"等到别人都觉得你有问题的时候，就来不及了"。就是这种主动寻找压力的态度，才让董卿一直十分认真和苛刻，她不想辜负观众的期待，更不想在央视这样的超级舞台上褪去光环。

世界上真正能让人满足的不是收获名利，而是收获成长。成长意味着要发生变化，而变化代表着一种不确定性，这样的人生才是值得期盼的，否则人生就会变得空洞和乏味。正如董卿所说："谁也不知道自己将来会怎么样，而生活的魅力就在于它的不可知，我们只能为了未来去努力。"

已知和安逸的生活的确会带给人安全感，但不会真正带给人满足感。如果我们主动避开压力，就是在拒绝生命赐给我们的宝贵体验。或许对渴望稳定生活的女性来说，安全感胜于一切，但是当我们放弃了在压力中成长的权利时，我们也将错过那些美丽奇幻的风景。当我们拒绝了长途跋涉，也就拒绝了拥有精彩人生的可能。

3　不遗漏细微之处的幸福

女人都渴望拥有幸福美满的生活，或许是一份稳定安逸的工作，或许是一位可靠相爱的伴侣，或许是一个吸引终生的爱好……但幸福又是一个抽象的概念，当我们心中并没有具体目标的时候，就很难去衡量幸福的温度。其实，幸福主要是一种心境、一种状态，有时候我们为了突出所谓的幸福感，只愿意关注那些能够让我们兴奋的事物，把目光投向诗和远方，却忘记了观察身边细微之处的幸福。

感受幸福就像收集沙子，一粒沙对你来说微不足道，可当你手中积攒了一捧沙的时候，它或许就能为我们填满心灵的某个空白，让我们终于发现生活的美妙。

在很多女性眼中，董卿应该拥有普通女人无法享受的幸福：天生丽质，才华横溢，名气在外，老少喜爱。的确，台上的董卿是风光无限的，拥有众多响亮的名号与头衔，但在走下台之后，董卿也和普通人一样，她更关注的不是自己拥有多少粉丝、拿到了多少主持人奖项，而是聚焦在身边的点点滴滴之上，从中发现生活细微之处的美好。

董卿曾经这样动情地描述幸福的样子：读读喜欢的《三联生活周刊》和《书屋》，或者去谈一场温暖、没有伤害的恋爱，再或者撒一粒种子、种一盆花，又或者是将心爱的碟片翻出来，如《放牛班的春天》《红白蓝》《天堂电影院》等等。其实，董卿描述的这些幸福片段，每个普通的女性都能享受得到，而成功的女性也可以在闲暇时光去体会一次。幸福不可量化，幸福没有大小之别，只要你能感受到哪怕片刻的满足与温馨，你就是幸福的。

为了事业，为了生活，董卿孤身一人去北京发展，在没有人脉支撑的情况下，闯出了属于自己的一片天空。董卿不断给自己加压，让自己在高标准、严要求之下快速成长，但她并没有降低自己对幸福的敏感度，因为在她内心深处，依然保留着一个纯真少女对幸福的定义：没有工作的时候，她可以宅在屋里看长达 24 个小时的剧。在整个观剧的过程中，她会为剧中的人物故事而触动：看到有趣的故事情节，她会一个人笑；看到悲伤的桥段，她会一个人哭。直到看得实在累了，她才会沉沉睡去。等到第二天清早，董卿拉开窗帘以后，温暖的一缕阳光照在身上，顿觉有一股暖流涌向全身，这些对董卿来说就是幸福。

这样的幸福丝毫不奢侈，董卿可以拥有，你也可以拥有。

时代的发展，让很多女性变得独立自强、眼界开阔，她们不再满足于当相夫教子的全职太太，也不安于做一份稳定的工作，她们也和男人一样，具有强烈的上进心和斗争意识，给自己树立了远大的目标并按照计划一丝不苟地执行。这对于女性来说是好事，证明女性真正在意识上获得了觉醒，敢于用实力证明自己。不过，也有一些女性在个人奋斗的过程中逐渐迷失了自我，忘记了初心，把大目标和大计划摆在生命最重要的位置上，反而忽视了她们在少女时代重视的那些点滴幸福。

总有一些人认为物质上的富足才是真正的幸福，所以他们更愿意关注社会名流的生活，羡慕他们拥有的一切。但其实这些名流也承载着普通人无法感受到的无奈与心酸，他们很可能并没有真正体会到幸福的含义，又或许幸福对他们来说是极为珍贵的，只有在人生中的某个时刻，才能清晰地感知到。

感受细微的幸福，需要的是一双善于发现的眼睛，而不是你银行账户里的存款。

在董卿刚开始主持《魅力12》的时候，那时的她还没有被全国观众所熟悉。有一次，董卿去超市买东西，忽然，一位营业员大姐对她说："我看过你主持的《魅力12》！"虽然这位大姐没有想起董卿的名字，但是对董卿来说，这是一个全新的开始，这意味着北京的观众开始认识这个新来的主持人了。此时此刻，董卿没有获得过任何奖项，甚至都没有被人叫出过名字，但她是幸福的，因为她感受到了自己的付出没有白费。

还有一次，董卿去西部频道录节目，她匆匆忙忙地去打出租车，手里拎着大包小包，脸上也没有化妆。在上车之后，出租车司机用地道的京片子问："哟，您是那《魅力12》的主持人董卿吧！"这是董卿第一次在北京被人叫出了名字。这一刻，董卿是真的欣喜万分，不过她当时状态不好，头发还是乱蓬蓬的，她有些后悔为什么不打扮好了再出门。后来在路上，董卿问出租车司机："您看那个节目啊？"司机回答："看啊！挺好看的。"就是这么几句简短的对话，让董卿忽然觉得心中的某样东西被点燃了，她感觉自己整个人都变得容光焕发，她甚至第一次发现京片子是如此动听，她开始真正融入北京这座城市，一如董卿所说："我开始认识它，仿佛它也开始接纳我。"

一个在董卿人生中并无任何高光的时刻，却让董卿记忆犹新，只因那时的她感受到了幸福，与名利无关，与人气无关，仅仅是生活中一件微不足道的小事。但就是从此时开始，董卿意识到，只要全力以赴地投入工作，总会被观众认可。虽然她当时还默默无闻，但她相信未来会有新的机遇留给自己，而她只需要记录此时的幸福感即可。

不论我们心中对幸福有着何种定义，请在你遇到不幸时，多去关注一下身边的人和事，它们或许稀松平常，或许渺小普通，但正是因为有它们存在，才构筑了我们世界中的一草一木，而这就是我们体验生命的最真实的情境。幸福在哪里？幸福就在你身边。

4 接纳不完美的自己

天地原本不全,而人亦无完人。每一位女性,都难免存在一些缺陷,或许是不尽如人意的容貌,或许是留有遗憾的童年,你可能会因此而羡慕他人的娇美容颜,也可能为此慨叹自己命运多舛,特别是当你看到那些在闪光灯下的风云人物时,甚至会感到那么几分自卑:别人是如此的完美,似乎没有一丁点缺陷……然而,你所看到的真的就是事实吗?

世界上并无完人,你只是比别人更了解你自己罢了,所以才对自己的缺陷更加敏感。其实,你眼中完美的人,可能也会在无人的角落里,对自己的缺憾唉声叹气。既然每个人都有无法规避的缺陷,那我们不如敞开胸襟,接受那个不完美的自己。

曾几何时,董卿是一个坚定的完美主义者,她也为此付出了高昂的代价:极度的身心疲惫和枯燥的生活状态。在很多个他人进入梦乡的夜晚,董卿却整夜无眠,因为她一直在反省、审视和调整自己:今天这么做是不是不合适？那句话说出以后是不是不够礼貌？……对于董卿来说，她总是无法原谅自己的错误。

所幸的是，董卿的完美主义倾向并没有一直占据她的内心，经历过人生的积淀之后，她开始渐渐懂得了一个道理：优秀的人并不是没有缺点，而是能够接纳并正视缺点。董卿曾说："我觉得如果哪儿做不好，就得自己坐着反省半天，就差没给自己写检查了。可是现在却好多了，现在可能要学会包容，知道完美是可以追求的，不完美也是要包容的，这个是现在我慢慢在学的。"

在董卿的观念中，追求完美是一回事，逼迫自己必须完美是另一回事。前者让她不断挑战自我，努力成为一个接近完美的人，她是辛苦而快乐的；而后者会让她长期陷入焦虑之中，无论做得多好，也永远体会不到其中的快乐。

对于心思细腻的女性来说，追求完美似乎是一种性别本能的驱使，因为男性的粗枝大叶让他们往往不那么在意细节，所以女性在完美主义的道路上会走得更远，也容易变得更加痛苦。加上传统观念和社会偏见的影响，女性会更加在意自己是否完美，因为她们往往要扮演多个角色：贤惠的妻子、温柔的母亲、乖顺的儿媳……这些名号在不断压榨她们，让她们非常在意世俗的评价，从而不断提高对自己的要求，自然就会发现更多的"缺点"。

作为女人必须明白，要求别人做到完美是不公平的，同样，要求自己做到完美也是不客观的，这甚至可以看成是一种愚蠢的行为。

在《季羡林谈人生》一书中，有一篇文章叫《不完满才是人生》。

季老认为，每个人都在努力追求完满的人生，然而从古至今没有谁的人生是完满的，不完满就是常态。既然事实如此，何苦要逼迫和为难自己呢？正如董卿所说："每一个人本身就有不同于别人的地方，不需要刻意区别。只要把你身上最具特点的东西展示出来，就是你的个人风格。我的个性可能就在于把知性和感性很好地融合在一起。"

在董卿坦然地面对完美这个话题以后，她变得更加自信洒脱，不会像过去那样偏执地死盯着自己的缺陷不放，而是把它们看成是自己的特点。比如，在主持风格上，一些金牌主持人擅长活泼搞笑，在很多综艺节目中深受观众喜爱，而董卿的主持风格偏向沉稳与庄重，但这并不是缺陷，反而让董卿在主持文化感较强的节目时大放异彩，同样在驾驭央视春晚这样的大型节目时也能得心应手。

曾经有一段时间，观众们喜欢将风格近似的周涛和董卿放在一起做比较，对此，董卿的回应是："可能是因为大家主持的节目形态有些相似而已，其实我们两个差别很大，性格、成长背景都不同。如果大家在生活中看到我们，绝对不会有相同的感觉。"这番话并不是避免争端，而是点出了事实，那就是世界上没有绝对相同的人，而只要有那么一点不同，就会诞生两个风格迥异的人。

每个女性都是不同的，她们都有无可替代的优势，也有难以抹掉的缺点，贸然地将两个女性放在一起比较，其实是对她们的不尊重。正因为她们在性格、经历、思想等方面的差异，才让我们见识到一个个鲜活有趣的生命，一味地去消除所谓的缺点，其实就是在抹杀一个人的个性。

有些女性其实拥有很多优点，但因为不够自信，总是会忽视自己的优点而更关注缺点,于是就陷入长期的自卑和焦虑之中,最终迷失了自己,而盲目崇拜他人。其实,每个女人都有自己独特的一面,这需要你认真地发现并引以为傲,而不必处处用自己的缺陷去和别人的优势相比较,就像董卿所说:"观众们正是因为你的与众不同而记住了你,要保持你的个人魅力。"

著名人际关系学大师卡耐基说过:"一个女人的独特魅力,并不是保持不好的习惯和行为,甚至让自己故意去学一些'美好'的东西,个性是真正能够散发出光芒的气质。"

女人可以不去追随典范的生活,也可以不奢求自己成为样板,既然足够快乐就好,何必要和自己的缺点做殊死的搏斗呢?只要你向往美好,只要你不甘于堕落,就完全可以自由地去做一个宁静淡然的女人,也可以做一个大气爽朗的女人,还可以做一个孤芳自赏的女人。只要你能发现自己的美丽,只要你能认可现有的生活,你就是一个值得人们尊重和怜爱的优秀女性。

高光时刻更低调

有这样一句话:"低调,是为了生活在自己的世界里;高调,是为了生活在别人的世界里。"的确,做人最快乐的时刻是做真实的自己,不必被世俗绑定,不会被偏见左右,特别是当我们步入人生的高光时刻后,有多少人是真的喜欢被聚光灯照射的感觉呢?或许更多的是为了扬眉吐气、证明自己有出色的一面吧。既然如此,不如适当收起锋芒,在低调的状态中做回那个曾经的自己。

在高光时刻保持低调,是一种内在修养,也是谦逊的表现。对于现代女性来说,新的时代为大多数人提供了走向高处的机会,女性有权利展示自己强大的一面,也有权利去和世俗偏见做斗争,但无论你走到哪个高度,都不要盲目地把高光当成"日常光",因为那种光芒虽然耀眼,却很容易让人迷失方向。

人生如梦,三十年河东,三十年河西,即便身居高位,你也不可能知道下一刻自己是否还能坐在这里。与其紧抓住这高光时刻不放,不如暂时地回归平静,去享受生活赐给你的另一份美好。

董卿曾说,在她的主持生涯中有过多次选择,从浙江有线电视台到上海东方电视台再到央视,每一次选择既在意料之外,又在情理之中。在这段漫长的职业长跑中,董卿能够耐得住寂寞,也能够承受得起大红大紫。其实,那些像董卿一样成功的女性,她们也拥有繁华的日子,可这种生活虽然美丽,但终究像盛开的花朵一样存在期限,如果不能尽快调整心态,等到花落衰败之时,自己承受的将是另一种难以名状的痛苦。

一个能获得成功的女性,也是能够在成功时保持淡然之心的女性,她们不会争着去做引人注目的鲜花,而是会保持平淡、细腻的心,去享受宁静和真实。

董卿就是那个愿意享受安宁的人。

有一年春晚直播结束后,董卿离开演播大厅,一个人孤单地走在空旷的大街上,回到家里吃了一碗速冻水饺,当时的她的确感受到了"繁华过后的落寞",但这种感觉毕竟是真实的,她需要接受这种高光褪去之后的平静。对于董卿来说,春晚舞台像是绚烂的烟花,有那么多人关注,有那么长的播出时间,但无论如何总有结束的那一刻,那一刻的到来意味着所有刚才被灯光和镜头照射的人要回归自己的生活,那里虽然没有闪耀的光,却有着温暖和熟悉的气息。

白岩松曾经用"化蝶"来评价董卿,他讲过一个故事:有一次和董卿出差归来,董卿带了好几个装演出服的大箱子,白岩松问她回哪里,董卿表示自己要回办公室。白岩松记得,那时候临近黄昏,街上挤满了下班回家的人,然而董卿执着地回到可能无人的办公室。对她来说,那里的孤独感会更加强烈,但是董卿能够欣然接受。因为演出结束了,她要暂时做回一个躲在办公楼里工作的职场女子,而非在镜头下的金牌主持人。这种角色和光环的转化才是人生的常态,对此董卿早已默默接纳。或许,这就是"化蝶"的另一种解读吧。

在高光时刻沉得住气,这是情绪管理能力出色的表现。这样的女子不会受到外界的干扰,她们可以大方得体地站在外人面前,也可以安静平和地回归自己的世界,她们在任何时候都能表现出一种淡定和从容，而这正是一个现代女性身上应该散发出的魅力。

2014年春晚，一些观众发现Yif表演的魔术存在穿帮的问题，就在网络上吐槽，甚至有些观众认为魔术穿帮是因为没有找董卿做搭档。针对观众的吐槽，原本应该感到自豪的董卿却没有表现出"看来大家还是需要我"的态度，而是十分谦和地表示："春晚的开放性和包容性越来越强，很多观众嘴上吐槽，却有着一颗爱你的心，这是另一种互动和参与。对于积极的建言，我们不能阻挠和惧怕，而应该保持欢迎的、不排斥的、平和的心态。"

那时的董卿的确大红大紫，即便离开了某个节目，也依然被深爱她的观众惦记，但董卿并没有将这份喜爱当成是闪烁的资本。这样做既不会充实自己的内在，又可能在无形中波及其他人，所以董卿保持着平和之心，不被外界的言论扰乱情绪，坚定自己的想法和态度，呈现出一种淡定从容的幸福感和满足感。

唯有保持安静与平和，才能从高处回归最真实的自己，所以越是懂得适时低调的女性，越是具有"犹抱琵琶半遮面"的朦胧之美。

做一个像董卿那样懂得低调、享受低调的女子，永远都能笑对人生，以宁静淡泊的心态阅读生命中的每一个篇章。正如《艺术人生》对董卿的评价："一个从春天里走来的女孩，如同三月清徐而不失绵厚的风，清纯靓丽中饱含着优雅与端庄。含蓄内敛的气质赋予了她收放自如的大气和沉稳，以及一份积淀了淡定与自信的美丽。"

谦卑中藏着高贵

人生起起落落，有高光时刻，也有至暗岁月，在高光之下，我们要学会低调，同样在至暗岁月中，我们也不能自轻自贱。对于现代女性而言，虽然社会已经进步了很多，但依然存在着性别歧视和客观障碍来阻挡女性前进的脚步，而当我们身陷困境时，切勿在这短暂的低谷中看轻自己。

董卿一直铭记父母的叮嘱："命运不会亏待任何一个人，不管顺境、逆境都要保持一颗平常心，正确地把握自己，审视自己。"正是这句箴言，让董卿在面对生活中的跌宕起伏时，总能表现得谦卑而高贵。之所以谦卑，是因为某些时刻的自己不够光芒万丈；之所以高贵，是因为内心并不承认眼下就是自己人生的终点站。

保持自己的高贵内心，并不是自视甚高，而是不打断对美好未来的期盼，是在平凡中保持一份自信，有了这种期盼和自信，女人才有机会用双手改变未来。

很多时候，人生的快乐是短暂的，所以我们不能辜负那些稍纵即逝的幸福，我们要在平凡的时光中，心系远方的诗歌，对着镜中平淡无奇的自己，想象明天的奇迹。这种高贵之心能让我们在平静中不灭失躁动的激情，只需一刻良机，我们就能在瞬间爆发，将成功的契机牢牢抓在手中。

有人说，现代女性想要获得更高的幸福感，需要有一点点阿Q精神，它不是教你盲目自大，而是尽可能地给予自己前进的信心，从生活中寻找一个亮眼的自我。毕竟，有时候我们看不到眼前闪烁着希望，但我们又坚信自己的能力不该如此，那么这时候人是需要一点安慰的，不然我们总会被一些负面的情绪所影响。从这个角度看，女性拥有一点阿Q精神是在自我治愈。漫漫长路，谁都不可能是一路阳光，但我们需要在心中为自己提供一片阳光，既是在温暖自己，也是在鼓励我们勇敢前行。或许，就在我们让自己放松调整的时刻，外面的世界真的为我们洒下了阳光。

2004年，当时还只是小有名气的董卿，迎来了人生中最重要的一次转机。央视文艺中心的主任朱彤打她电话问道："你是董卿吗？请到我这里来一趟。"董卿知道朱彤的大名，也预感到自己可能会有好事降临，于是心中不免忐忑起来。第二天，董卿直奔央视大楼，那天恰好下着瓢泼大雨，董卿站在路边很久也没有打到出租车，眼看着就要超过约好的时间了，董卿万分焦急，还好最后准时赶到。不过，此时的董卿已经被雨水淋湿，头发上的水不住地向下滴落，形象实在有些狼狈。

当董卿站在央视大楼的门口时，顿时感慨万千。她虽然已经算是进入了央视，不过平时都是在大兴录制节目，整整两年的时间里没有进过央视大楼的正门几次，因为要进入这个大门，必须有人签条子，而且出门之后，条子就会立即作废。对于一个从上海远赴北京闯荡的新主持人而言，这道大门曾经让董卿感到了自己的卑微和渺小，不过董卿也从来没有死心，她认定自己有朝一日也能像其他知名主持人那样自由进出。

在经历了一番感慨之后，董卿敲响了朱彤主任的办公室大门，见面之后，朱彤对她说："我们看了你主持的《魅力12》，也翻了你过去的履历，你是一个成熟的文艺节目主持人。我们觉得你到综艺频道来更合适……你自己是怎么看的呢？"听到这番话以后，董卿没有表现得像一个受宠若惊的新人那样，而是自信地露出了灿烂的笑容说："我也是这么看的！"这份谦卑中的高贵也感染了朱彤，当即表示让董卿过来试试看。后来的事情我们都知道了，仅用半年的时间，董卿就成功走上了春晚的舞台。

内心平和的女子，既要有一颗知足心，又要有一颗"不安分的心"。不安分是因为认定了自己将会高傲地在人前抬起头，所以不该被眼前的低谷期所折磨，要坚守住内心对美好愿景的那份期盼，这样当机遇来临之际，我们才不会因为毫无准备而无所适从，而是要能像董卿那样自信地说："我也是这么看的！"

女人如花，会经历世界的风雨，会被人觊觎而被摘取，也会被当成美丽的摆设，然而这些都不能否定女性的价值，女人的未来只能由自己来定义。她们可以保持谦卑地对人微笑，那是因为她们享受淡泊的宁静，但这微笑中蕴藏的不是对他人的退让和服从，而是傲视偏见和歧视的高贵。只要她们想，她们随时可以用实力证明自己不是温室中任人摆布的花朵，而是瑰丽的自然界中昂首挺胸的野生玫瑰，美艳、自信、大方、无惧一切。